#진상을 말씀드립니다
#真相をお話しします

#SHINSO WO OHANASHISHIMASU

Copyright ⓒ Shinichiro Yuki 2022
All rights reserved.
Original Japanese edition published in 2022 by SHINCHOSHA Publishing Co., Ltd.
Korean translation rights arranged with SHINCHOSHA Publishing Co., Ltd. through Danny Hong Agency
Korean translation copyrights ⓒ 2023 by BY4M STUDIO

이 책의 한국어판 저작권은 Danny Hong Agency를 통해 SHINCHOSHA Publishing Co., Ltd.과의 독점계약으로 ㈜바이포엠 스튜디오에 있습니다.
저작권법에 의해 한국 내에서 보호를 받는 저작물이므로 무단전재와 복제를 금합니다.
표지 그림・오타 유코(太田侑子)

유키 신이치로 지음
권일영 옮김

#진상을 말씀드립니다

일러두기

1. 외래어는 국립국어원의 외래어 표기법을 따랐으나
   일부 어휘는 일반적으로 통용되는 경우에 관용에 따라 표기했습니다.
2. 본문 속 볼드체는 원서에서 방점으로 강조한 부분입니다.
3. 본문의 각주는 모두 옮긴이 주입니다.

차례

참자면담
007

매칭 어플
055

판도라
103

삼각간계
159

#퍼뜨려주세요
225

옮긴이의 말
275

참자면담

惨者面談*

* 이 단편의 원제목인 '참자면담(慘者面談)'의 '참(慘)'은 참혹하다, 처참하다는 뜻을 지닌 한자로, 셋을 가리키는 '삼(三)'과 일본어로 둘 다 '산(さん)'으로 발음한다. 이런 일본어 발음을 이용해 작가가 작품의 성격에 맞게 지은 제목으로, '참자면담'이란 사자성어는 없다.

전철 차내 안내방송이 "다음은 신주쿠"라고 했다. 별생각 없이 천장에 매달린 광고를 올려다보니 주간지의 요란한 제목이 눈에 들어왔다. '범인은 초등학교 6학년 어린이. 나야 나 사기의 최전선'—요즘 텔레비전을 들썩이게 만든 사건의 특집기사다. '초등학교 6학년'이라는 글자를 본 순간 내 머릿속에 어느 소년의 모습이 떠올랐다. 겁에 질린 모습으로도 기를 쓰고 뭔가 하소연하려는 듯이 나를 바라보던 두 눈동자. 그 소년도 초등학교 6학년이었다. 그때 소년은 무슨 생각을 하고 있었을까. 어떤 심정이었을까. 나는 도저히 상상이 되지 않았다.

*

그 일의 시작은 보름 전 어느 날 밤이었다.
"오늘 정말 감사했습니다. 앞으로도 잘 부탁드리겠습니다."
현관 입구에서 고개를 숙이는 어머니와 그 옆에서 수줍어하는 초등학교 6학년 여자 어린이.
"저야말로 잘 부탁드립니다. 따님을 위해서도 최고의 선생님을 소개해드리겠습니다."
깊숙이 고개를 숙인 뒤 그 자리를 떠났다. 모퉁이를 돌기 직전에 뒤를 돌아보니 어머니와 딸은 여전히 나를 배웅하고 있었다. 힘껏 손을 흔들었다. 모녀가 다시 고개를 숙였고, 소녀도 손을 크게 흔들어주었다. 모든 게 잘되었다는 확실한 증거였다.

큰길로 나와 결과를 보고하려고 회사에 전화를 걸었다. 애써 꾸민 웃는 표정을 벗겨내 길가에 버렸지만 아까 그 어머니와 딸에게는 보일 리 없다.

"감사합니다. '가정교사 앳 홈'입니다."

신호음이 바로 멎고 격식을 차린 목소리가 들려왔다. 사장인 미야조노(宮園) 선배다. 대학을 마치자마자 중학교 입시 전문 가정교사 소개 사업을 시작해 올해로 8년. 회사를 키우는 일에는 관심이 없는지, 다른 사원은 없다. 그래서 외부에서 오는 전화는 모두 미야조노 선배가 받았다.

"수고하십니다. 가타기리(片桐)입니다."

"뭐야, 너구나? 클레임을 거는 전화인 줄 알고 놀랐네. 일단 수고했다. 오늘은 면담이 오래 걸렸네? 학생 어머니가 꽤 깐깐한 분이었지?"

내 전화라는 걸 알고 미야조노 선배의 말투는 여느 때와 같아졌다. 경박하고 건성건성. 그게 분명히 사장의 매력이기는 한데, 그래서 다른 사람에게 민폐를 끼치는 경우도 많다.

"예. 생각보다 빡빡했지만 겨우 허락받았습니다. 일주일에 두 번, 120분으로."

"땡큐. 잘했어. 역시 넌 에이스 영업 사원이야."

'가정교사 앳 홈'의 비즈니스 모델은 단순했다. 대형 입시학원이 주최하는 모의고사 시험장 앞에서 홍보 전단을 잔뜩 뿌린다. 그걸 보고 문의하는 가정을 영업 사원이 방문한다. 학생이 앞으로 떠안게 될 문제나 가정교사의 필요성을 구구절절 강조한다. 그걸 들은 학부모가 '그럼 그쪽 회사 가정교사를 부탁하겠습니다'라고 하면 한 건 성사되는 셈. 회사에 등록된 대학생 명단 가운데 여러 조건이 맞는 사람을 골라 가정교사로 보내주는 방식이다.

"수업을 원하는 날은 월수금 가운데 이틀이고 친절한 여성 선생님을 원한답니다."

"여자가 원하는 '친절함'이란 게 이 세상에서 가장 까다로운 조건 가운데 하나지."

"그렇죠. 그러니 얼른 찾아주세요."

당연한 이야기지만 이 사업의 성패는 영업 사원의 역량에 달려 있다.

그 가정이 안고 있는 문제—그건 공부 방법이기도 하고 부모와 자식 사이의 관계이기도 해서 집집마다 다르지만,

어쨌든 그런 문제들에 관해 의견을 나누고 마지막에는 그들이 앞으로 나아갈 길을 제시해주어야 한다. 물론 어느 경우에나 그 길은 '가정교사를 붙여야 합니다'라는 결론에 이르기는 하지만. 이런 과정을 통해 논리적으로 이해할 만한 결론을 제시하지 못하면 계약을 따내지 못한다. 중학교 입시는 자녀의 인생을 좌우하는 아주 중요한 이벤트여서 쉽게 허락받기는 힘들다. 그래서 영업 현장에서 학부모나 수험생 본인인 자녀의 신뢰를 어떻게 끌어내느냐, 여기에 모든 게 달려 있다.

이렇게 가장 중요한 영업 담당 사원이 전원 아르바이트 대학생이라는 사실은 놀랍다고 할 만하다. 전부 4명. 그것도 모두 중학교 입시에서 이른바 명문으로 꼽히는 학교 출신이었다. 미야조노 선배의 말에 따르면 "답답한 양복 차림 어른은 안 돼", "그래도 대학생이 친근감이 들겠지", "나이 차이가 크게 나지 않는 형이나 누나 같아야지", "인건비도 덜 들고"라고 한다.

나는 대학 1학년 가을부터 여기서 일하기 시작했다. 원래 파견 가정교사를 지망해 면접을 본 것이 계기였다. 그때 내 경력을 본 미야조노 선배는 바로 이렇게 제안했다. "도쿄 도내 사립 남자 중학교 가운데 3대 명문인 아자부고교

(麻布高校) 졸업, 현재 도쿄대 재학 중, 훌륭한 경력이군", "중학교 입시 때문에 고민하는 학부모에게 인기 좋겠어", "가타기리, 바로 자네가 우리 회사 영업 담당으로 딱 어울리는 인재야"라며 거푸 강조하는 바람에 마음이 기운 나는 곧장 그 제안을 받아들였다.

대학 3학년인 지금도 늘 이 일을 시작하길 잘했다고 생각한다. 성과급이라 수입은 안정적이지 않지만, 잘만 하면 한 달에 20만 엔 가까이 번다. 학생이 할 수 있는 아르바이트로는 매력적이다. 무엇보다 여러 가정을 방문해 교육열이 높은 학부모를 상대하느라 애를 먹긴 하지만 하루하루가 긴장감 넘치는 나날이었다. 지금까지 처리한 상담은 300건이 넘는다. 이제 나는 직원들 가운데 베테랑으로 꼽힌다. 이날도 한 차례 "역시 가정교사는 필요 없겠어요"라고 결론을 내렸던 어머니를 설득해 끝내 계약을 따냈다.

"그런데 너 다음 주 목요일 저녁에 시간 나?"

미야조노 선배가 느닷없이 물었다. 새 일정이 생긴 모양이다.

"예, 특별한 약속 없으니 괜찮아요."

"다행이네. 오후 5시부터 신유리가오카에 새 방문 상담 일정이 잡혀 있는데. 잘 부탁해."

"남학생이에요, 여학생이에요?"

"초등학교 6학년 남자애. 9월에 치른 전국 모의고사 결과가 엉망이라서 과외 필요성을 느꼈다더라. 전화 통화를 했는데 분위기가 차분한 이지적인 어머니로 느껴졌으니 평소처럼만 하면 별다른 문제는 없겠지. 게다가 지망하는 학교가 3대 명문 가운데 한 곳이라고 하니까 너는 부러운 존재지. 쉽게 풀릴 거야."

이야기를 들어보니 특별할 게 없는 평범한 건이었다. 성적이 좋지 않아 새로운 돌파구를 찾는다. 내년 2월이면 입학시험인데 10월인 이제서야 가정교사를 붙이겠다는 것은 누가 보더라도 뒤늦은 움직임이다. 하물며 중학교 입시 경쟁은 우리 때보다 더 심해졌다. 그 증거로, 어느 유명한 대형 입시학원은 그곳에 들어가기 위해 초등학교 1학년 때부터 등록해야 한다는데 그런 학원이 한둘이 아니라고 한다. 요즘 입시 환경을 생각하면 더욱 때를 놓쳤다는 느낌인데, 여름방학이 끝나자마자 치른 첫 모의고사 성적이 신통치 않아 지푸라기라도 잡는 심정으로 연락하는 가정이 매년 생각보다 적지 않다.

"거기 주소와 전화번호, 기타 자세한 사항은 이메일로 보낼게. 대충 훑어봐."

전화는 여기서 끊어지고 조금 뒤 스마트폰에 이메일 알람이 떴다.

이름 矢野悠. 12세. 목요일 오후 5시부터 면담 희망. 도쿄에 있는 사립초등학교에 다님. 초등학교에서 중학교, 고등학교를 에스컬레이트처럼 자동으로 올라가는 학교인데 더 나은 수준의 다른 중학교(3대 명문 같은)에 보내고 싶음. 학원은 초등학교 3학년 때부터. 여름방학에 학원에 다녔지만 결과가 좋지 않아 불안해짐. 잘하는 과목은 국어. 피아노와 수영을 배우러 다님. 아버지는 해외 근무 중.

내용이 너무 허술한 메모였다. 전화 통화를 하면서 들은 가정 사정을 그냥 옮겨 적어 보낸 모양이다. 가장 큰 문제는 이름. 성은 틀림없이 '야노(矢野)'로 읽을 텐데 이름은 '유(悠)'라고 읽으면 되나? 적어도 이름을 어떻게 읽는지 정도는 미리 알 수 있으면 좋을 텐데*. 속으로 이런 자질구레한 불평을 늘어놓았지만, 이때만 해도 별문제 없는 면담

---

* 일본은 한자 이름일 때 훈독을 할 수도 있고 음독을 할 수도 있어 이름을 붙인 사람의 뜻에 따라 발음해야 한다.

건이라고만 생각했다.

  약속한 날, 오후 4시 반. 30분 전에 가장 가까운 역에 도착한 나는 정처 없이 거리를 어슬렁거리며 걷고 있었다. 어떤 가게와 건물이 있는지, 근처 공원에서는 무얼 하며 놀 수 있는지, 이곳 초등학교는 어떤 모습인지. 대화 소재가 될 만한 것을 찾기 위해서였다. 도쿄도에 있는 사립초등학교에 다닌다고 했으니 이 지역 초등학교는 구경해봐야 별 의미가 없겠지만, 어쨌든 이런 '생생한' 정보를 가지고 있으면 상대방과의 거리를 쉽게 좁힐 수 있게 되고, 아무것도 아닌 듯한 소재가 뜻하지 않은 돌파구를 마련해준 적이 한두 번이 아니다.

  신유리가오카는 오다큐선 쾌속 급행 전철이 멈추는 신유리가오카역을 중심으로 펼쳐진 가나가와현 북부의 베드타운이다. 신주쿠나 시부야까지 30분이면 갈 수 있어 편리하다. 역 주변 쇼핑몰에서는 생활용품을 다 구할 수 있고, 언덕이 좀 많은 점만 제외하면 살기에 불편이 없을 것이다. 조용하고 평범하다. 이게 첫인상이었다. 지역 주민 게시판에는 시민센터에서 열리는 행사 안내와 지역 모임 공지, 지역 고등학교 축제 개최 안내와 함께 '빈집털이 피해가 자주 일어나는 중'이니 조심하라는 큼직한 포스터가 붙어 있었다. 얼핏 보기에 치안은 좋아 보이는데 의외로 그렇지 않은 걸까?

내가 찾아가는 집은 아주 평범한 주택가 한 모퉁이에 있었다. 전체적으로 흰색인 2층짜리 단독주택. 크지도 작지도 않고, 정원은 없다. 주차장에는 도요타 크라운. 전형적인 중산층 직장인 가족이다. 문패에는 '야노 신이치(矢野慎一)·마리(真理)·유(悠)'라고 적혀 있었다. 자녀는 아들 하나뿐인 모양이다. 현관 옆에 대충 세워놓은 어린이용 자전거 안장에는 먼지가 앉았다. 입시 공부에 쫓겨 밖에서 놀 시간이 없어서 그런가? 집 앞길에 음식물 쓰레기가 흩어져 있는 모습이 보여 좀 신경이 쓰였다. 가만히 보니 바로 옆 쓰레기 내놓는 곳에 구멍이 난 투명 쓰레기봉투가 하나 놓여 있었다. 까마귀가 저지른 짓이리라. 까마귀 방지 그물망을 제대로 쳐놓지 않으니 저렇게 된다.

그런데 너무 조용하다. 인기척이 전혀 없다. 곧 손님이 오기로 되어 있으니 뭔가 준비하는 소리가 날 법도 한데.

천천히 집 주위를 돌았다. 거실 쪽인 듯한 커다란 창에는 커튼이 드리워져 있었다. 기분 나쁠 만큼 쥐 죽은 듯 조용한 집. 뒤편으로 돌아가니 부엌문으로 보이는 문이 살짝 열려 있었다. 조심성이 좀 모자라다.

그때 갑자기 집 안에서 비명처럼 날카로운 목소리가 들려왔다. 뭐라고 외치는 건지 제대로 알아들을 수는 없어도 틀림없이 여자 목소리였다.

'어머니인가?'

중학교 입시에는 부모와 자식 사이, 특히 어머니와 아들 사이에 전쟁이 따르기 마련이다. 언제 공부를 시작할 거냐, 성적이 왜 이 모양이냐, 왜 이런 것도 모르냐, 입시가 끝날 때까지 놀러 가면 안 된다, 게임도 금지다…. 어느 집에서나 볼 수 있는 광경이라고 해도 괜찮을지 모르겠다. 틀림없이 야노 씨네 집도 마찬가지일 것이다.

현관 앞으로 돌아온 나는 심호흡을 하며 초인종을 눌렀다. 좀 일찍 왔지만 괜찮겠지. 계속 집 주위를 어슬렁거리는 건 정찰하는 느낌이라 마음이 내키지 않았고, 어머니가 히스테리를 부리고 있는 거라면 아이가 측은하다.

잠시 침묵이 흘렀다. 1분쯤 지난 뒤 다시 초인종을 눌렀다. 그렇지만 여전히 아무도 나오는 기적이 없었다. 혹시나 해서 미야조노 선배의 문자를 확인했는데, 면담은 틀림없이 오후 5시부터였다. 게다가 집 안에서 분명히 사람 목소리가 났다. 아무도 없을 리 없다. 실례합니다, 하고 불러 보앉는데 반응이 전혀 없었다. 마치 집 전체가 숨을 죽이고 나를 살피는 듯했다.

마냥 기다릴 수는 없어서 야노 씨 집의 유선전화로 걸어 보기로 했다. 초인종이 고장 났을지도 모르고, 인터폰 화면에 비친 나를 '가정교사 앳 홈' 영업 담당자인 줄 모르고 집에 없는 척할 수도 있다. 스마트폰을 꺼내 발신 버튼을 누르려고 한 바로 그때였다.

"예, 누구세요?"

불쑥 인터폰 스피커에서 여자 목소리가 들려왔다.

잠깐 어안이 벙벙해 할 말을 잃었지만 바로 스마트폰을 끄고 대답했다.

"예, '가정교사 앳 홈'에서 나온 가타기리입니다. 오늘 오후 5시에 찾아뵙기로 약속을…."

"아, 참. 그랬지. 정말 죄송합니다. 그런데 가타기리 선생님이 우리 집에 오신 건 오늘이 처음이신가요?"

당연하지. 이 사람은 자기가 문의 전화를 해놓고 무슨 소리를 하는 거지? 그런 생각이 들었지만 내색하지 않으려고 애쓰며 대답했다.

"예. 오늘이 처음입니다. 우선 가정교사를 붙여야 할 필요가 정말 있는지를 포함해서 학부모님과 함께 여러모로 생각해보고 싶어서요."

"아아! 이제 생각났어요. 요즘 '가정교사 앳 홈' 말고도 여러 가정교사 파견업체에 전화를 걸어서… 깜빡 착각했네요…. 죄송합니다. 잠깐 집 안 좀 정리할 테니 10분쯤 기다려주시겠어요?"

"아, 예. 전 괜찮습니다만…."

미야조노 선배가 말했다. 전화 통화를 해보니 분위기가 차분한 이지적인 분이었다고. 선배의 사람 보는 눈을 점점 믿을 수 없게 된다. 어느 업체를 불렀는지도 모르는 건 좀 정신이 없기 때문이라고 할 수 있을 테지만, 동시에 중요한 사실도 알게 되었다. 이 건에 경쟁사가 있다. 그렇다면 여느 때보다 더 마음을 단단히 먹어야 한다. 길게 비교, 검토할 틈을 주지 않아야 한다. 오늘 첫 면담에서 결정을 얻어낼 수 있느냐 없느냐, 이게 중요하다.

기다리기를 20분 남짓. 드디어 현관문이 열렸다.

"죄송해요, 오래 기다리시게 해서."

나온 사람은 청바지에 니트 스웨터, 앞치마를 걸친 여성이었다. 나이는 마흔쯤 되었을까? 중간 체격에 흰 피부, 신경질적으로 깜빡이는 큰 눈. 짙은 갈색 머리카락을 뒤로 묶었다. 빨래를 마치고 바로 나왔는지 손에는 고무장갑을 끼었다. 그 뒤에 햇볕에 피부가 그을린 소년이 반소매 상의, 반바지 차림으로 나를 바라보고 있었다. 어린이 야구선수처럼 짧게 깎은 머리카락은 잔뜩 젖었다. 욕조에서 방금 나온 걸까? 얼핏 보기에는 딱히 중학교 입시를 준비할 학생처럼 보이지 않았다.

"그럼 실례하겠습니다."

거실로 안내받은 나는 얼른 방 안을 둘러보았다.

어질러져 있지는 않아도 전체적으로 살림살이가 많아 어수선하다는 첫인상을 받았다. 눈길을 끄는 물건은 커다란 평면 텔레비전이었다. 그 맞은편에 업라이트 피아노가 한 대. 덮여 있는 건반 덮개 위에는 물건을 얹어두었다. 한동안 치지 않은 모양이다. 어쨌든 실내 장식으로 미루어 짐작하면 살림살이가 넉넉한 가정인 것은 틀림없다. 초등학교부터 아이를 사립에 보낼 수준은 된다. 눈길을 돌리니 테이블 위에 쌓인 자료 더미가 보였다. 중학교 입시 관련 자료인 모양이다. 파일에 정리해두지 않으면 저렇게 된다. 이상한 점은 방 어디에도 가족사진이 보이지 않는다는 것이었다. 어쩌면 부부 사이가 그리 좋지 않을지도 모른다. 말을 조심하는 게 좋겠다.

"바닥 조심하세요. 슬리퍼를 신어서 괜찮겠지만 조금

전 애가 꽃병을 깨뜨렸어요. 그걸 치우느라 시간이 더 걸려서…."

그렇게 된 거였나? 그제야 이해가 갔다. 고무장갑도 청소하느라 낀 모양이다. 어쩌면 조금 전 들린 날카로운 목소리는 꽃병을 깨뜨렸을 때 지른 건지도 모른다. 마룻바닥을 얼핏 보니 분명히 물기는 조금 남아 있어도 눈에 띄는 유리 조각은 없었다.

학생 어머니와 마주 앉았다. 내가 먼저 말문을 열었다.

"그럼 슬슬 시작할까요? 오늘 상담을 맡은 '가정교사 앳홈'에 근무하는 가타기리입니다. 주제넘게 이런 일을 하고 있지만 사실 아직 학생입니다. 도쿄대학 3학년인데…."

여느 때와 똑같은 자기소개. 그리고 고개를 끄덕이는 어머니와 아들. 늘 하던 그대로였고 별문제 없는 진행이었다.

그런데도 한 가닥 위화감은 씻어낼 수 없었다.

"이 일을 시작한 지 올해로 3년째입니다. 지금까지 많은 가정을 방문해 상담했죠. 그러니 염려하지 마시고 궁금한 점이 있다면 뭐든 물어주세요."

정말 두 사람은 내 말을 제대로 듣고 있는 걸까? 특히 어머니. 겉으로는 이야기를 듣고 공감하는 듯 보인다. 하지만 건성으로 짓는 표정임이 명백하다. 내 말을 제대로 듣고 있지 않다. 왜지? 도무지 이해되지 않았다. 이런 느낌은 처음이었다.

"사실 10년 전에는 저도 아드님 같은 수험생이었죠. 아버지와 서로 막 소리 지르며 말다툼을 벌이고 공부하기 싫어서 견딜 수 없던 시기도 있었습니다. 그렇지만 그런 어려움을 이겨내고 결국 아자부중학교에 합격했죠. 이런저런 경험을 쌓았으니, 중학교 입시를 거친 선배로서 오늘 뭔가 도움이 될 수 있을 겁니다."

"그러세요?"

내 모교는 도쿄에서 사립 3대 명문으로 꼽히는 아자부중학교다. 이 집 학생이 지망하는 학교도 3대 명문이라고 들었는데 왜 이리 반응이 미지근할까? 아자부에는 관심이 없고 다른 두 학교—가이세이(開成)나 무사시(武蔵)로 가고 싶은 걸까? 아니, 그렇다고 해도 역시 뭔가 이상하다. 다른 집 같으면 이때 "와, 아자부중학교예요? 어머머, 대단하시네!" 하며 빈 말이라도 하기 마련이다.

그런 의문을 꿀꺽 삼키며 내 성장 과정과 회사에 관한 대략적인 소개, 오늘 방문한 목적을 쭉 설명한 나는 드디어 본격적인 상황 파악에 들어갔다.

"저와 회사에 관한 설명은 이쯤 하겠습니다. 이제부터는 제가 좀 여쭤보겠습니다. 우선 아드님 이름, 이 한자를 '유'라고 읽으면 맞나요?"

입술을 꾹 다물고 굳은 자세로 이야기를 듣고 있던 소년이 흠칫 놀라며 어머니를 바라보았다. 그러자 어머니는 기가 막힌다는 듯 눈살을 찌푸렸다.

"물으시잖아. 스스로 대답해야지."

나무라는 듯한 매서운 말투. 이 가정의 모자 관계가 얼핏 드러난 느낌이었다. 아들 교육에 열성을 보이는 어머니와 그 눈치를 보며 항상 움츠러드는 아들. 아주 흔한 구도다.

"자, 어서."

어머니가 채근하자 소년은 눈을 피하면서 "맞아요"라고 살짝 고개를 끄덕였다.

"죄송해요. 애가 낯을 가립니다."

"아, 모르는 형이 갑자기 찾아왔으니 당연히 긴장하겠죠."

이렇게 말하며 웃어 보였지만 유는 겁먹은 듯 어깨를 움츠리기만 할 뿐이었다.

'엄청 경계하네.'

분위기를 바꾸려고 다음 질문을 하려는 순간, 어머니가 갑자기 생각났다는 듯이 소리를 질렀다.

"이런, 깜빡했네. 마실 것도 내놓지 않고. 선생님, 녹차 괜찮으세요?"

"예"라고 대답한 내 눈길은 주방 쪽으로 가는 어머니의 손에 꽂혀 있었다. 여전히 고무장갑을 끼고 있었기 때문이다. 벗는 걸 깜빡 잊었다고 생각하기는 힘들다. 그렇다면 일부러 끼고 있는 걸까?

어머니는 바로 돌아왔다. 쟁반에 컵이 세 개. 여전히 고무장갑을 낀 채로였다.

"어머, 죄송해요. 이거, 이상하죠?"

내 시선이 흘끔 손을 보자 어머니가 눈치챘다.

"사실은 며칠 전, 식사 준비를 하다가 두 손을 다 데었는데… 상처를 보여드리기도 죄송해서요."

'뭐야, 그래서 장갑을 끼고 있었나?'

괜히 신경을 쓰게 해서 미안하다고 마음속으로 사과하며 나는 질문을 이어갔다.

"우선 공부 이야기 말고 다른 이야기부터 할까? 전화로 듣기로는 수영과 피아노를 배웠다고 하던데, 이건 언제부터 했던 거지?"

다시 소년에게 말을 걸었지만, 여전히 고집스럽게 입을 다물고 있었다.

"지금도 계속 배우니?"

그래도 대답이 없다. 짜증이 난 어머니가 조금 전보다 더 심한 말투로 재촉했다.

"자꾸 그러면 정말 화낸다. 제대로 대답하지 않으면 선생님에게 실례잖아."

"아, 어머님. 그러지 마시고요…."

"아뇨, 6학년이나 되어서도 이러면 앞으로 어떻게 되겠어요? 가타기리 선생님도 하시는 일 때문에 잘 아시겠지만 요즘 애들은 어른도 깜짝 놀랄 만큼 똘똘하잖아요?"

"예, 뭐. 그렇기는 합니다만."

어린이라고 해서 그 아이들을 우습게 여기다가는 큰코다친다.

이 일을 시작한 지 얼마 되지 않았을 때, 미야조노 선배가 말했다.

"초등학교 6학년이면 우리가 생각하는 것보다 훨씬 더 어른스러워."

언제였더라? 상담 때문에 찾아간 어느 집 여학생은 처음 방문해 상담하는 동안 내내 책상 아래로 발을 뻗어 내 발을 감았다. "여기까지, 질문 있니?"라고 묻자 "선생님은 애인이 있어?", "가정교사를 붙이면 선생님이 가르쳐주는 거야?" 하며 야릇한 눈길을 보내기까지 했다.

하지만 그런 건 그래도 귀여운 수준이다. 요즘 텔레비전에서는 초등학생이 사기를 쳤다는 보도가 나오는 지경이다. 게다가 애인은 기본 옵션. 자칫하면 범죄를 저지를 수도 있다. 어린아이의 가면을 쓴 어른. 그에 비하면 낯가림 때문에 입을 다무는 유의 모습이 오히려 훨씬 어린이다웠다.

"그래, 혹시 괜찮다면 한 곡 쳐줘."

어떻게든 거리를 좁혀야 해서 마지막이라고 생각하고 제안을 하나 했다.

"나도 예전에 피아노를 배웠거든. 그래서 네 연주를 들어보고 싶어."

"어머, 그건 쉽잖아? 마침 연습하던 곡이 있잖니?"

어머니가 이렇게 말하며 부추겼지만, 소용이 없었다. 유는 눈을 부릅뜨더니 힘껏 고개를 저었다. 그 눈동자에는 심상치 않은 결의가 감도는 듯했다.

"왜 그래?" 하고 어머니가 다시 다그쳤는데도 유는 고집을 꺾을 눈치가 보이지 않았다.

"너, 어지간히 좀…."

"아, 미안합니다. 갑자기 이상한 부탁을 해서. 그러면 이번엔 어머님께 여쭤보겠습니다. 처음 중학교 입시를 생각하시게 된 건 왜죠?"

얼른 화제를 돌렸다. 유에게 계속 질문을 해봤자 아무런 진전도 없을 테고 어머니의 화만 돋울 뿐이라는 걸 빤히 짐작할 수 있었기 때문이다.

"그건… 아무래도 중고등학교 때 좋은 환경에서 6년 동안 공부에 힘쓰게 하고 싶어서."

"그렇지만 지금 에스컬레이터 타고 오르듯 중학교, 고등학교에 자동으로 진학할 수 있는 상황인데 굳이 다른 중학교로 진학시키려는 건 왜죠? 지금 상태도 나쁜 환경은 아닌데요."

"에스컬레이터요? 예, 뭐 그렇긴 하지만 더 나은 환경이 있다면 그쪽으로 가는 게 좋을 것 같아서."

"아드님도 그렇게 하고 싶답니까?"

이렇게 묻고 고개를 돌리자 유와 눈이 정면으로 마주쳤다. 눈빛이 뭔가 하소연하듯 진지했다. 그 바람에 그만 내가 먼저 시선을 피하고 말았다.

"아니면 부모님 뜻이 그런 겁니까?"

"원래는 우리 생각이지만 애도 받아들이고 있어요. 그렇지?"

어머니의 시선을 따라 나는 다시 유를 보았다. 소년은 여전히 나를 뚫어지게 바라보고 있었다. 왜일까? 뭔가 내게 하고 싶은 말이 있는 걸까? 사실은 입시 같은 건 치르고 싶지 않고, 부모가 그렇게 시킬 뿐이라고 하는 듯했다. 선생님, 제발 내 마음을 알아차려줘요….

"해외 근무 중인 아버님은 이번에 저희 쪽에 연락을 주신 걸 알고 계십니까?"

부부 사이가 그리 좋지 않을 가능성은 있어도 이 문제는 확인해야 했다. 이런 수준이라면 물어봐도 지뢰를 밟는 건 아니리라. 질문을 받더니 어머니는 의아하다는 듯 미간을 찌푸렸다.

"해외 근무요?"

"아, 제가 잘못 알았나요?"

"아뇨, 전화로 어떤 이야기까지 했는지 기억이 잘 나지 않아서."

"그렇게 전해 들었습니다만."

"그런가요?" 어머니는 마음이 놓인다는 듯 웃었다. 그렇지만 왠지 옆에 앉은 유는 표정이 굳어졌다.

"학원에 다니기 시작한 건 초등학교 3학년 때부터라고 하던데, 어느 학원입니까?"

그러자 어머니는 얼굴을 찌푸리며 고개를 살짝 갸웃거렸다.

"오히려 그건 전화로 말씀드리지 않았던가요?"

"그게… 실례했습니다. 전화를 받았던 직원한테 따로 구체적인 학원 이름을 듣지 못해서…."

기억을 더듬었다. 읽은 내용을 잊어버렸을 리는 없다. 틀림없이 학원 이름은 적혀 있지 않았다. 나 참, 이런 내용은 확실하게 처리해줘야지, 미야조노 선배.

"죄송하지만 한 번 더 여쭤도 괜찮을까요?"

"왜죠? 이미 말씀드렸는데."

"예?"

"그런 정보가 제대로 공유되지 않는다니, 신뢰할 수 없는 조직이네요."

"맞는 말씀입니다."

"이만 돌아가세요."

너무도 갑작스러운 상황 전개에 나도 당황할 수밖에 없었다.

"자, 잠깐만요. 그건 너무…."

"돌아가주시죠. 그쪽 회사의 가정교사를 붙이고 싶은 마음은 없어요."

옳은 말이다. 전화로 전달한 내용이 담당자 사이에 제대로 공유되지 않는 회사를 신뢰할 수 없다는 건 지당한 말씀이다. 그렇지만 아무리 그래도 이건 너무 심하지 않은가? 20분 넘도록 기다리게 해놓고 이렇게 나오시다니.

어떻게 대꾸해야 할지 마땅한 표현을 찾고 있던 내게 전혀 예상하지 못했던 유의 목소리가 들려왔다.

"가지 마세요."

아주 가느다란 목소리여서 처음에는 뭐라고 했는지 제대로 알아들을 수 없었지만, 틀림없이 그건 유가 한 말이었다.

"응? 뭐라고?"

"가지 말아요, 가타기리 선생님. 가정교사에 대해 더 가르쳐주세요…."

유는 애원하듯 나를 바라보았다. 왜지? 무얼 물어도 거의 대꾸가 없더니, 왜 인제 와서 내게 손을 내미는 걸까? 도대체 뭐가 어떻게 돌아가는 거지?

하마터면 쫓겨날 뻔했는데 간신히 살았다. 아주 잠깐 화가 잔뜩 난 걸로 보였던 어머니도 유의 한마디에 마음을 고쳐먹었는지, 더는 돌아가라고 하지 않았다.

분위기가 좀 어색해졌지만 시간을 더 끌 수는 없었다.

"그럼 이제부턴 좀 듣기 불편하실지 몰라도 양해 바랍니다. 지금까지 치른 모의고사 결과를 알 수 있는 자료가 혹시 있을까요?"

어머니와 유는 얼굴을 마주 보았다.

"가능하다면 성적이 전부터 어떻게 변해왔는지 추세를 알면 좋겠는데요…."

"어디에 두었더라?"

어머니는 턱에 손을 대며 천장을 쳐다보았다.

"잠깐 찾아보고 올게요. 얘, 너도 같이 찾자."

두 사람은 함께 거실을 나갔다. 바로 쿵쾅 문 여닫는 소리가 들렸다. 집 안을 다 뒤질 작정인가? 이때도 한 가닥 위화감을 느꼈다. 성적표 같은 건 입시를 준비하는 학생에게 가장 중요한 서류 가운데 하나이기 때문이다. 어디에 놔두었는지 바로 생각이 나지 않을 수가 있나? 온 방을 다 뒤져야만 찾아낼 수 있는 서류라고는 생각하기 힘들다. 그럼 테이블에 수북한 서류 더미에는 뭐가 쌓여 있는 거지?

그 서류 더미로 눈길을 옮겼다. 아래쪽에 학원 교재로 짐작되는 책이 보였다. 가만히 보니 발행한 곳이 '니치노켄(日能研)'으로 되어 있다. 아마 유가 다니는 학원이리라. 두 사람의 입을 통해 직접 확인한 것은 아니지만 일단 틀림없을 것이다. 그 바로 위에 성적표 같은 종이 끄트머리가 튀어나와 있었다. 여기 있잖아, 하는 생각을 하면서 손가락으로 살짝 잡고 조금씩 당겼다. 서류 더미가 무너지면 큰일이니 천천히, 조심해서. 차츰 '초등학교 5학년 8월 공개 모의고사'라는 글자가 드러났다. 뭐야, 작년 성적표잖아? 바로 손을 뗐다.

바로 그때 가택 수색을 마친 두 사람이 돌아왔다.

"죄송해요. 어디 두었는지 까먹어서 찾지 못했네요. 정리를 제대로 하지 못해서."

"그러세요?"

아무래도 이상하다. 틀림없이 9월 모의고사 결과가 나빠서 연락했다고 들었다. 그런데 그 9월 성적표마저 찾지 못한다니. 있을 수 없는 일이다. 오히려 맨 먼저 "이거예요, 좀 보세요!" 하고 들이밀어도 이상한 일이 아니지 않은가.

그 뒤로도 결론이 나지 않는 대화가 이어졌다. 학원은 무슨 요일에 가나, 학원에 가지 않는 날은 집에서 어떻게 공부하고 있나, 주말과 공휴일은 어떻게 보내나. 무엇을 물어봐도 또렷한 답변은 하나도 나오지 않았다. 유는 여전히 입을 꾹 다물고 있었고, 어머니는 어머니대로 "글쎄요", "그건 남편이 알아서 해요", "내게만 묻지 마세요", "얘, 너도 좀 대답해라"라는 말만 되풀이했다.

알게 된 사실이라면 어머니가 쉽게 화내는 타입이라는 점, 아들은 그걸 두려워한다는 점뿐. 불가능하지야 않겠지만 가정교사가 필요하다는 식으로 이야기를 끌고 갈 단계가 아니다. 그 이전의 문제다.

"죄송하지만 화장실 좀 쓸 수 있을까요?"

앞뒤가 꽉 막혀 도저히 견딜 수 없었다. 일단 분위기를 바꿔야 한다. 그렇게 생각하며 자리에서 일어서려는 바로 그때였다.

"아, 잠깐! 안 돼요!"

어머니가 버럭 소리를 지르며 벌떡 일어났다. 그 바람에 테이블 위에 놓인 자료 더미가 무너졌다.

"안 됩니다. 기다리세요!"

어안이 벙벙한 나는 도로 자리에 앉았다.

"왜 그러세요?"

화장실 좀 쓰겠다는 부탁 자체가 특별히 실례될 일은 아니리라. 그런데 이런 거부반응이라니. 게다가 태도도 이상하다. 어머니의 두 눈에 핏발이 서고, 호흡이 거칠어졌다.

조금 진정되자 어머니는 면목이 없다는 듯 머리를 숙이며 자리에 앉았다.

"죄, 죄송합니다. 갑자기 언성을 높여서."

"아뇨, 전 뭐 괜찮습니다만…."

"변기가 막혀서 고장 난 걸 깜빡했어요. 그걸 자칫 말씀드리지 못하면 선생님이 사용하다가 난처한 일을 당할까 봐 그만…."

"그런가요?"

"꼭 지금 가셔야 한다면 가까운 공원에 화장실이 있어요."

"그렇게 급하지는 않으니 괜찮습니다."

소변은 참을 수 있다. 견딜 수 없는 건 오히려 이 집에 넘쳐나는 위화감 쪽이었다.

바닥에 흩어진 서류를 테이블 위에 얹어놓고 체험 학습에 들어가기로 했다. 성적표만으로는 알 수 없는 학생의 실력을 측정하면서 수업 분위기를 느끼게 하기 위해서다. 이때 학생이 스스로 "뭐야, 생각보다 재미있네"라고 하면 계약은 아주 가까워진다. 의욕이 생긴 자녀를 뒷받침해주지 않는 부모는 어디에도 없으니까.

"그럼 시작해볼까? 평소 어디서 공부하지?"

"평소엔 내 방에서…."

그러면서 2층을 가리키는 유를 어머니가 단숨에 가로막았다.

"아뇨, 선생님. 여기서 해주세요. 저도 수업하는 모습을 보고 싶어서요."

"무슨 말씀인지는 알겠습니다만 그러면 실제 수업 분위기와 달라져서요…."

"여기서 해주세요."

무턱대고 우겼지만 이건 쉽게 양보할 수 없었다.

"너도 어머니가 지켜보고 있으면 불편하지?"

유는 여러 차례 고개를 끄덕였는데 어머니는 물러서지 않았다.

"계약할 것인지 결정하는 건 부모예요. 오늘은 제 앞에서 해주세요."

결코 물러서지 않는 모습. 강철 같은 의지가 느껴진다. 어머니가 감시하는 가운데 수업하기는 쉽지 않지만 이렇게까지 고집을 부린다면 거스를 수 없다. 또 '돌아가라'는 말이 나온다면 그때는 정말 철수할 수밖에 없을 것이다.

"알겠습니다. 그럼 오늘은 여기서 할까요?"

어머니와 잠시라도 떨어지고 싶었기 때문인지 유는 이 말을 듣고 어깨를 축 늘어뜨리더니 샤프펜슬을 손에 들었다.

그래서 나는 자세를 고쳐 앉아 싹싹한 표정을 지으며 유에게 미소를 보냈다.

"그런데 넌 밖에 나가 놀기도 하니?"

수업을 시작하기 전 잠깐 준비하는 시간. 공부 이외의

이야기로 학생의 긴장감을 풀어주는 일은 아주 중요하다.

"오는 길에 보니 공원이 있던데."

"예."

"거기서 뭘 하니?"

"축구나 야구 같은 거. 학교 친구들하고요…."

"그렇구나. 중학교 들어가면 어떤 동아리 활동을 하고 싶어?"

하찮은 잡담을 하면서 가방에서 프린트물 한 장을 꺼냈다.

난이도 별로 세 문제, 문장 형식으로 된 산수 문제가 실려 있다.

"좋아. 그럼 우선 문제를 하나 풀어보자. 힌트는 없어."

흔한 사칙 계산 응용문제. 100엔짜리 동전과 50엔짜리 동전 두 종류가 있다. 동전을 다 합치면 얼마인지, 동전이 모두 몇 개인지를 알고 있을 뿐. 이때 동전은 각각 몇 개인가를 알아맞히는 문제다. 초등학교 6학년 10월에 이런 문제를 못 풀면 빨간불이다. 거침없이 움직이는 샤프펜슬과 그걸 곁에서 가만히 지켜보는 어머니, 그런 소년을 보며 입을 다물지 못하는 나. 묘한 긴장감이 방 안을 가득 메웠다.

이윽고 샤프펜슬이 멈추었다. 들여다보니 계산식이 중간에 끝난 상태였다.

"그거 이미 답이 나온 거나 마찬가지 아니니?"

동전의 합은 750엔, 동전의 개수는 모두 10개. 모든 동전이 100엔이라면 합계 금액이 250엔 더 많아지고 만다. 그걸 100엔과 50엔의 차이인 50으로 나누어 주면 바로 답이 나온다.

"으음, 어느 부분을 잘 모르겠니?"

그러나 유가 쥔 샤프펜슬은 얼어붙은 듯 움직이지 않았다.

"뭘 모르는 거야?" 옆에서 어머니가 화난 표정을 지었다.

"간단하잖아. 봐, 이 250을…."

"안 돼요, 어머님."

나도 모르게 소리를 질렀다.

아들의 샤프펜슬을 빼앗으려고 하던 어머니가 어이없다는 듯이 눈을 동그랗게 떴다.

"지금 내게 참견을…"

"아드님은 가정교사가 처음입니다. 게다가 어머님이 이렇게 가까이서 지켜보고 계시니 긴장했을 거예요. 평소 같으면 풀었을 문제인데 긴장해서 풀지 못했을지도 모르죠. 그러니 불쑥 압박을 주거나 꾸짖지 말아주세요."

화가 가라앉지 않는지 어머니는 뺨을 파르르 떨었지만

더는 대꾸하지 않았다.

유의 손을 다시 보았다. 그 와중에 소년은 이미 답을 내놓았다.

"어, 어째서. 어떻게 된 거지…?"

거기에는 큼직하게 '110엔'이라고 적혀 있었다. 원래 구하는 답은 동전이 각각 몇 개인가다. 게다가 문제에서 동전은 100엔짜리 동전과 50엔짜리 두 종류뿐이니 10단위에 1이 등장할 수 없다.

어떻게 푼 건지 이해되지 않아 처음부터 다시 설명할 수밖에 없었다.

"…이렇게 되지? 이 250엔을 100엔짜리와 50엔짜리의 차이인 50으로 나누면?"

"50엔짜리 동전이 다섯 개?"

"그렇지. 풀었잖아."

풀었든 뭐든 적어도 도쿄에 있는 3대 명문을 노린다면서 이런 문제를 못 푼다면 말이 안 된다. 어떤 생각을 거쳐 그런 답이 나왔는지 도무지 상상이 가지 않았다.

"그럼 두 번째 문제로 넘어갈까?"

도무지 이해할 수 없었지만 일단 다음 문제로 넘어갔다. 난이도가 약간 높아진다. 일하는 날짜를 계산하는 문제다.

다로가 혼자서 하면 36일, 지로와 하나코가 둘이서 함께하면 12일이 걸리는 일이 있다. 그다음에 몇 가지 조건을 제시하고 구해야 할 것은 '이 작업을 하나코가 혼자 하면 며칠 걸리는가?' 하는 문제였다. 풀이 방법은 몇 가지 있지만 먼저 할 일 전체를 1이라고 가정하는 방법이 일반적이다. 그렇게 하면 다로는 하루에 36분의 1이라는 일을 할 수 있고…

"풀었다."

유가 샤프펜슬을 내려놓았다. 답을 들여다본 나는 다시 내 눈을 의심했다.

거기에는 큼직하게 '110일'이라고 적혀 있었기 때문이다. 그런데 가만히 보니 계산 과정이 전혀 적혀 있지 않았다. 그냥 불쑥 종이 위에 적은 숫자였다.

"이게 뭐야! 엉망진창이잖아!"

마침내 어머니가 폭발했는지 테이블을 주먹으로 두드렸다.

"똑바로 하란 말이야!"

그렇지만 유는 아랑곳하지 않고 나를 물끄러미 바라보았다. 조금 전과 마찬가지로 뭔가 하소연하듯….

히스테리를 일으켜 마구 퍼붓는 어머니를 옆에서 지켜

보며 나는 고개를 갸우뚱했다. 왜 그러지? 유는 내게 뭔가 전하고 싶은 게 있나? 도무지 모르겠다. 짐작이 가지 않았다. 도통 이해되지 않는 숫자. 고민해봤자 소용없다는 생각도 들었다.

"이건 어디부터 설명해야 할까?"

포기하고 문제 풀이를 하려던 나는 무심코 서류 더미 쪽으로 시선을 던졌다. 화장실에 가려고 했을 때 무너진 서류 더미는 다시 쌓아 올렸다. 서류를 쌓은 순서가 바뀌었기 때문에 제일 위에 '초등학교 5학년 8월 공개 모의고사' 성적표가 있었다. 마침내 드러난 실제 성적. 1년 전 것이라도 참고는 된다. 잘하는 과목이라는 국어 편차치는 63. 나쁘지 않다. 한편 산수 편차치는 49. 모의고사 때도 답을 모두 110이라고 적었다면 더 끔찍한 숫자가 나왔을 텐데….

그때 내 시선이 **어느 한** 지점에 머물렀다. 거기 적혀 있는 '글자'가 무슨 뜻인지 바로 이해되지 않았다. 머릿속이 혼란해지며 심장 고동이 빨라졌다.

'아니, 어떻게 된 거지?'

다음 순간, 어떤 생각이 머릿속을 번개처럼 스쳤다. 그리고 등줄기가 오싹해졌다.

그걸 계기로 지금까지 계속해서 느꼈던 '위화감'이 다시 떠올랐다. 잘 통하지 않는 대화, 예상과 다른 반응, 말이 없는 아들에게 짜증 내는 어머니, 뭔가를 하소연하는 듯한 유의 눈빛, 들어가면 안 되는 화장실, 바닥에 떨어져 깨진 꽃병, 계속 벗지 않는 고무장갑, 그리고 유가 끈질기게 내놓는 '110'이라는 답….

설마, 그럴 리가…. 나는 일부러 팔꿈치로 쳐서 테이블 위에 있던 컵을 쓰러뜨렸다.

"아, 미안합니다."

어머머, 하며 허둥대는 어머니. 테이블 위에 컵에 담겼던 차가 흥건하게 퍼졌다.

그걸 곁눈질하며 나는 신고 있던 슬리퍼 바닥을 확인했다.

'이, 이건….'

이마에 진땀이 나고, 손이 후들거리기 시작했다. 흰 바닥에 희미한 핏자국 같은 게 묻어 있었다. 테이블 아래로 스마트폰을 꺼내 메시지 어플을 실행했다. 어머니는 주방에 행주를 가지러 갔다. 기회는 바로 지금이다. 최대한 빠르게 문장을 입력한 다음 나는 미야조노 선배에게 필사적인 구조 요청 신호를 보냈다.

살려줘! 어머니는 가짜야! 야노 씨 집으로 경찰을!

＊

"가타기리 씨 덕분입니다. 이번엔 정말 감사했습니다."

만나기로 약속한 신주쿠에 있는 카페. 내가 자리에 앉자 맞은편 남자가 대뜸 고맙다며 머리를 숙였다. 야노 신이치, 42세. 대형 가전 회사에 근무하며, 신유리가오카에서 일어난 주부 살해사건의 피해자인 야노 마리의 남편. 이날 그에게 사건 전반에 관한 이야기를 듣기로 되어 있었다.

"아뇨, 전 아무것도 한 일이…."

"물론 언젠간 사건이 드러났겠죠. 하지만 가타기리 씨 덕분에 일찍 가쓰라다(桂田)를 체포할 수 있었던 건 틀림없죠."

야노 신이치가 말한 '가쓰라다', 즉 가쓰라다 게이코(桂田恵子)는 야노 마리를 살해한 범인이고, 내가 내내 **유의 어머니로 여겼던** 인물이다.

결정적인 실마리가 된 것은 '초등학교 8월 공개 모의고사' 성적표였다. 모의고사 성적표에 적혀 있던 한자 이름의 발음은 '야노 **하루카**'. 나는 그때 눈치챘다. 지금 앞에 있는 저 여자는 어머니가 아니다. 어머니인 척하는 다른 사람이다, 라고. 만약 어머니라면 내가 자기 아들 이름을 '유'라고 잘못 부르도록 그냥 놔두었을 리 없다.

―이 한자를 '유'라고 읽으면 맞나요?

이 질문에 고개를 끄덕인 소년의 순간적인 재치 덕분이다. 그때 "하루카라고 읽어요"라고 바로잡았다면 나는 마지막까지 눈치채지 못했을지도 모른다.

돌이켜보면 하루카의 이상한 행동은 모두 설명할 수 있었다. 질문을 해도 고집스럽게 입을 열지 않았던 까닭은 가쓰라다가 말을 하게 해 그 여자가 스스로 가짜임을 들통 나게 하려는 속셈이었으리라. 계속 '110'*이라는 숫자를 답으로 적은 까닭도 경찰에 신고해달라는 메시지였다.

"반년 전에 가쓰라다 부부가 이웃으로 이사 왔습니다. 그 뒤로 아내가 가끔 가쓰라다 씨와 갈등을 빚게 된 건…."

신이치는 더듬더듬 그간의 사정을 이야기해주었다.

"어느 날, 두 사람이 쓰레기 분리배출 문제로 말다툼을 벌였다더군요. 그게 모든 일의 시작이었습니다."

가쓰라다가 내놓은 음식물 쓰레기. 그걸 문제 삼은 신이치의 아내 마리. 이런 시간에 쓰레기를 내놓는 건 규칙 위반이에요. 게다가 요즘 쓰레기를 제대로 분리해서 내놓지

---

* 우리나라의 '112'와 같은 용도로 쓰는 사건, 사고 긴급 신고용 전화번호.

않는 일이 많은데 가쓰라다 씨가 그러는 거죠? 봉투 안을 보여주세요. 페트병 같은 게 들어 있을 거야. 이러면서 두 사람은 승강이를 벌였다. 그러던 중에 쓰레기봉투가 찢어지고 내용물이 흩어졌다. 집 앞에 음식물 쓰레기가 어지러이 널려 있었던 것은 바로 그 때문이었다.

"집으로 돌아가려는 아내에게 가쓰라다가 대들었다고 합니다. 작작 해라, 도저히 못 참겠다면서요. 아내는 무시하고 문을 열었는데, 그때를 노려 가쓰라다가 집 안으로 쳐들어왔죠. 무슨 이야기가 오갔는지는 모르겠습니다. 그렇지만 그때 아내가 가쓰라다에게 무심코 자식이 없는 사실을 조롱하는 듯한 말 한마디를 던졌답니다. 그래서…."

여기까지 말한 신이치는 입술을 깨물었다.

"화가 머리끝까지 난 가쓰라다는 거실에 있던 꽃병으로 아내의 머리를 때렸죠. 그러고는 깨진 꽃병 파편을 들어 아내의 가슴에 찔렀던 겁니다."

그런 눈 뜨고 볼 수 없는 현장에 운 나쁘게 귀가하게 된 하루카. 그때 어머니는 이미 숨이 끊어진 상태였다. 하루카와 마주쳐 비명을 지른 가쓰라다. 내가 들은 여자의 날카로운 목소리는 이때 난 비명이었다. 그렇지만 실제로 비명을 지르고 싶었던 사람은 하루카였으리라. 어머니가 끔찍한 일을 당한 모습을 본 아들의 심정은 도저히 헤아릴 수 없다.

"그때 초인종을 누른 사람이 가타기리 씨였죠. 가쓰라다는 처음엔 집에 없는 척해서 넘어가려고 했던 모양입니다. 그런데 인터폰 화면에 비치는 가타기리 씨가 어디론가 전화하려는 모습을 보고 초조해졌죠. 혹시 저 남자와 만나기로 약속이 되어 있었는지도 모른다. 그렇다면 전혀 모습을 드러내지 않는다면 수상하게 생각할 수도 있다. 사건이 발각되는 게 두려운 가쓰라다는 무모하게도 자기가 **야노 마리인 척하기로 했던 것입니다**."

―그런데 가타기리 선생님이 우리 집에 오신 건 오늘이 처음이신가요?

가쓰라다가 던진 이 질문에 숨겨진 의도. 처음이라면 얼버무리고 넘어갈 수도 있다. 그렇게 확신한 가쓰라다는 나를 20분 동안 기다리게 해놓고 현장을 정리한다. 일단 시체를 화장실에 숨기고 바닥에 떨어진 유리 파편과 핏자국을 치운다. 거실에 놓여 있던 가족사진을 하루카에게 모두 치우게 하고 그 틈에 가쓰라다는 피가 묻은 옷을 숨기기 위해 앞치마를 걸치는 등 옷매무시도 가다듬는다. 고무장갑을 낀 까닭은 손에 묻은 피를 닦을 틈이 없었고, 더는 현장에 지문을 남기지 않기 위해서. 소름 돋는 이야기지만 무엇보다 끔찍한 일은 그런 작업을 하루카에게 거들라고 했다는 점이다.

"도망치거나 공연한 짓을 하면 너도 같은 꼴을 당하게 될 거야."

이런 협박을 당한 하루카는 가쓰라다와 함께 시체를 감추고, 자기 손으로 가족사진을 치웠다. 그리고 나중에는 몸에 묻은 핏자국을 지우기 위해 샤워하라고 지시받았다. 하루카가 목욕탕에서 방금 나온 것처럼 보였던 것은 바로 그때문이었다. 도망칠 기회가 전혀 없었느냐 하면 꼭 그렇지는 않으리라. 하지만 만약 내가 하루카였더라도 분명히 똑같이 시키는 대로 할 수밖에 없었을 것이다. 압도적인 공포감, 그리고 절망.

―가지 말아요, 가타기리 선생님. 가정교사에 대해 더 가르쳐주세요….

그때 하루카가 나를 붙들기 위해서는 나름 용기가 필요했을 것이다.

그 이후부터는 앞에서 이야기한 그대로다. 내가 아자부 중고등학교 출신이라고 소개해도 반응이 시큰둥했던 점. 학원 이름은 전화로 이야기했다며 넘어가고, 그 핑계로 나를 내쫓으려고 한 점. 화장실에 가려는 나를 필사적으로 가로막은 점. 체험 수업 때 하루카와 내가 단둘이 있게 되는 걸 기를 쓰고 허락하지 않았던 점. 사건을 들킬까 두려운 가쓰라다가 어머니인 척했다면 이 모든 게 깔끔하게 설명된다.

한바탕 사건의 앞뒤 사정을 이야기한 신이치가 창밖으로 눈길을 옮겼다.

나도 커피잔을 손에 들고 의자 등받이에 몸을 기댔다.

이게 사건의 전체 모습이다. 분명 비극이 일어났지만 일단 해결은 되었다.

바로 그때였다.

"다만, 이 사건에는 아직 가타기리 씨가 모르는 사실이 있습니다."

느긋하게 앉아 있던 나는 흠칫 놀라 등받이에서 몸을 일으켰다.

"그게 무슨 말씀이죠?"

"오늘 굳이 뵙자고 한 건 그 이야기를 제 입으로 확실하게 드려야겠다고 생각했기 때문입니다…."

심장 고동이 빨라지고 온몸에서 땀이 솟아났다.

긴장한 채 침묵이 흘렀다. 신이치는 뜸을 들이다가 드디어 입을 열었다.

"사실 그때 그 집에 내 가족은 **아무도 없었어요**."

귀를 의심했다. 무슨 말을 하는지 전혀 이해되지 않았다.

"그, 그게 무슨 말이죠?"

"우리 하루카는 반년 전에 세상을 떠났어요."

"예?"

"학교 갔다가 오던 길에 교차로에서 신호 위반 트럭에 받혀서, 그 자리에서 그만."

그 순간 먼지를 뒤집어쓴 자전거 안장이 머릿속에 떠올랐다. 주인을 잃고 아무렇게나 놓여 있던 자전거. 그 이유는 입시 공부에 바빴기 때문이 아니었다는 이야기인가?

"그럴 리가…."

"그 뒤부터예요, 아내가 이상해진 건."

내 아들은 죽지 않았다. 지금도 함께 살고 있다. 그렇게 계속 믿었던 마리는 매일 하루카를 위해 도시락을 쌌다. 입지도 않는 겉옷과 속옷을 빨고, 저녁 식탁에는 세 사람 몫의 식사를 차렸다. 초등학교 수업 참관 행사에 참석했던 적마저 있다고 한다.

주변 사람들과 갈등이 시작된 것도 그 무렵. 특히 이웃에 사는 가쓰라다와 다투는 일이 잦았다. 청소기 소리가 시끄럽다, 아들이 입시 공부에 집중할 수 없다. 당장 그만둬라. 이렇게 소리를 지른 적도 있다던가. 마리가 제정신을 잃은 뒤에 이웃으로 이사 온 가쓰라다 부부―이 경우는 그들이 운이 나빴다고밖에 할 수 없다.

"어쨌든 아내는 그런 식으로 계속 하루카가 살아있는 듯이 행동했죠. 그쪽 회사에 가정교사 문의를 한 것도 그런 행동 가운데 하나였을 겁니다."

9월 전국 모의고사 결과가 신통치 않아서, 도움이 필요하다고 생각했다고. 미야조노 선배가 그렇게 전해주었던 것이 떠올랐다.

"장례도 제대로 치르지 못했기 때문에 동네 사람들이 그런 사실을 모르는 것도 무리는 아니죠. 하물며 겨우 반년 전에 이사를 온 가쓰라다 부부는 살아있는 하루카를 본 적이 없을 겁니다. 그래서 불쑥 나타난 그 아이를 하루카라고 생각했겠죠…."

신이치가 내민 건 가족사진 한 장이었다. 부모 사이에 서서 수줍어하는 피부가 희고 안경을 낀 소년. 바슬바슬한 검은 머리카락이 귀를 가릴 만큼 길다. 아무리 보아도 그날 내가 마주했던 '하루카'와는 다른 사람이었다.

"그럼 그건 누구였죠?"

모든 걸 받아들이기에는 시간이 부족했지만 당연한 의문이었다.

"근처에 사는 초등학생 같습니다. 경찰관이 가르쳐주었죠. 6학년 학생이고 하루카와 나이가 같답니다."

그때 몇몇 장면이 머릿속에 떠올랐다.

우선 내가 피아노를 쳐보라고 부탁했던 그때 소년은 결코 연주하려고 들지 않았다. 반항기라서 저러나, 하는 생각도 들었지만 아무래도 그게 아니었던 모양이다. 소년은 피아노를 칠 줄 모른다. 그래서 그토록 온 힘을 다해 거절했다. 분위기를 간신히 평온한 것처럼 만들어주는 '허구'가 걷혔을 때 드러날 혼란과 광기, 되풀이될지 모를 끔찍한 일들을 떠올리며….

이어서 체험 수업 직전에 잠깐 잡담을 나누던 일도 생각났다. 나는 그때 소년에게 근처 공원에서 놀 때가 있느냐고 물었다. 그러자 그는 이렇게 대답했다.

―축구나 야구 같은 거. **학교 친구들**하고요….

그때는 흘려들었는데 하루카가 다니는 학교는 도쿄 시내에 있는 사립초등학교다. 이 주변에 있는 공립이 아니다. 물론 근처에 몇 명 어려서부터 친하게 지내는 친구가 있기는 할 것이다. 그 친구들과 공원에서 놀 때가 있을지 모른다. 그렇지만 축구나 야구에 함께 어울릴 만한 학교 친구가 주변에 있을 거라고 생각하기는 힘들다. 소년이 했던 단 하나의 실수다.

마지막으로, 내가 해외 근무 중인 아버지에 관해 물었던 일.

―해외 근무 중인 아버님은 이번에 저희 쪽에 연락을 주신 걸 알고 계십니까?

내가 이렇게 묻자 소년은 긴장한 얼굴로 몸이 굳어졌다. 그때는 그 이유를 알 수 없었는데 이제는 이해된다. 어쩌면 소년은 기대를 품고 있었을지도 모른다. 이대로 시간을 끌면 '아버지'는 틀림없이 집에 돌아올 거다. 하지만 내가 질문한 순간 알게 되었다. **이 집 주인은 집에 돌아오지 않을 것이다.** 그래서 그 뒤로 소년은 용기를 짜내어 나를 붙들었다.

―가지 말아요, 가타기리 선생님. 가정교사에 대해 더 가르쳐주세요….

침통한 표정을 지은 채 이야기를 이어가는 신이치 씨 앞에서 나는 할 말을 잃고 말았다.

"게다가 놀랍게도 그 소년은 빈집털이 상습범이었다고 합니다."

바로 다른 풍경이 머릿속을 스쳐 지나갔다. 지역 게시판에 붙어 있던 '빈집털이 극성'이라고 적힌 포스터와 조금

열려 있던 부엌문. 언젠가 보았던 텔레비전 프로그램과 전철 천장에 매달린 광고. 범죄에도 손을 댈지 모를 초등학교 6학년 학생.

"뒤에 있는 부엌문으로 숨어 들어온 소년은 우연히 살인 사건 현장을 맞닥뜨리게 되었죠. 게다가 범인은 자기를 이 집 아들로 오해합니다. 자칫 서툰 짓을 하면 자신도 똑같이 살해될지도 모른다. 그렇다면 일단 그녀의 지시에 따르며 기회를 기다리는 편이 낫다. 그는 얼른 이렇게 생각했던 모양입니다."

"그럼 제가 '유'가 맞느냐고 물었을 때 고개를 끄덕인 건…?"

"그 애가 아들 이름을 알고 있었는지는 모르겠습니다. 하지만 적어도 그 장면에서는 그게 그 아이에게 '가장 나은 선택'이었다는 거죠."

—어린이라고 해서 그 아이들을 우습게 여기다가는 큰 코다친다.

—초등학교 6학년이면 우리가 생각하는 것보다 훨씬 더 어른스러워.

미야조노 선배 말대로 그 냉정한 상황 판단은 어른보다 낫다.

"그렇다고는 해도 일반적으로는 의심하거나 하지는 않죠. 바로 앞에 있는 게 **정말로 그 집 사람인지 아닌지…**"

그날 밤, 스마트폰에 이메일 알람이 떴다.
화면을 터치했다. 보낸 사람은 미야조노 선배였다.

篠原裕紀, 12세, 면담 희망일은…

나는 끝까지 읽지 않고 답장을 보냈다.

먼저 이름을 어떻게 읽는지 알려주세요. 그다음에 이야기하시죠.

매칭 어플*

* 원서의 제목은 '야리모쿠(ヤリモク)'로, '야루'(やる, 하다)와 '모쿠테키(目的)'를 합쳐 만든 속어다. 이성과 진지한 교제를 원하기보다 '섹스(또는 유사한 행위)만을 할 목적'이란 뜻.

그래서 나는 '테이크 아웃'* 하려고 한다.

물론 패스트 푸드점에서 파는 햄버거 세트도 아니고, 최근에 테이크 아웃 서비스를 시작한 이자카야의 도시락 메뉴 이야기도 아니다.

당연히 여자애를, 테이크 아웃하겠다는 말이다.

남자는 어리석은 짐승이라 이쯤 되면 갑자기 뭐가 어떻게 되건 앞뒤 가리지 못하는 상태가 되고 만다. 1차로 들른 수제 맥주 전문점 술값에, 2차로 간 바에서 나온 술값, 그리고 택시비까지. 여기까지 오려고 얼마나 많은 돈과 시간, 노력을 들였는가. 모두 다 필요한 절차이며 어쩔 수 없는 희생이었다고 합리화하고 만다.

"아…, 역시 너무 마셨네."

그런 남자의 속셈을 아는지 모르는지, 택시에서 내리자마자 마나(マナ)가 내 팔에 자기 팔을 둘렀다. 9월도 하순으로 접어들어 점점 쌀쌀해지는 오늘 이 시간. 밤은 깊어 1시 반이 조금 지났다.

모두 잠들어 고요한 주택가. 마치 다른 세상 같다. 밤하

---

* 일본어 원문은 테이크아웃을 뜻하는 '오모치카에리(お持ち帰り)'로, 소개팅 후에 바로 상대를 데리고 가서 잠자리를 하는 경우를 뜻하는 속어.

매칭 어플

늘에서 떨어진 아주 잠깐의 안식과 내일에 대한 희망, 혹은 일말의 우울. 그런 것들이 깊은 바닷속에 내리는 해설(海雪)처럼 소복소복 거리에 쌓여간다. 그런 깊은 바닷속에 나는 여자와 단둘이 있다.

'아니, 이 나이에 이게 무슨 짓인가?'

서른두 살, 독신. 그녀는 이렇게 믿고 있지만 실제는 마흔두 살, 그리고 나는 아내가 있다. 벼락 맞을 짓이라는 말과 함께 딸의 얼굴이 머릿속에 스쳐 갔다. 오오, 사랑스러운 미유키(美雪). 부디 이런 아빠를 용서해다오. 아니, 물론 나쁜 짓인 줄은 안다. 정말이다. 거짓말이 아니다. 하지만 여기까지 와서 그냥 물러난다는 건 다 차려진 밥상을 걷어차는 꼴이라 도저히 그럴 수 없다. 아아, 우리 어여쁜 미유키. 이런 아빠를 용서하렴….

아무리 속으로 외쳐봐야 이런 변명이 딸의 귀에 들릴 리 없다. 그래서 최소한의 속죄를 하는 심정으로 "물이라도 살까?"라고 마나에게 물었다.

"아니, 이제 다 왔으니 됐어요."

"어, 그래."

나는 이미 눈치채고 있었다. 취한 척할 뿐이지 마나는 완전히 맨정신이라는 사실을. 어떻게 알았냐고? 보고 말았으니까. 택시에서 내릴 때 그 얼굴에 떠오른, 내 등골이 오싹할 만큼 차가운 표정을.

"저어, 이런 거 몇 번째죠?"

내 팔에 매달린 마나가 마치 조금 전 보였던 '가면'은 거짓말이라는 듯 달콤한 눈빛으로 나를 쳐다보았다.

'이런 거'란 말하자면 '매칭 어플로 만난 여자와 그날 바로 하룻밤을 보내는 일'을 가리키리라. 처음이라고 하면 너무 빤한 거짓말이 될 테고, 백 번도 넘는다며 얼버무리기도 애들 같아 솔직하게 대답했다.

"일곱 번째인가?"

"어머, 그걸 셌어요?"

정말 저질이야, 라고 시시덕거리면서 그녀는 몸을 더 밀착해 풍만한 가슴을 보란 듯이 들이댔다. 너무 여우 같다고나 할까. 남자는 이런 걸 좋아하겠지 하며 비웃는 느낌이 들어 정나미가 떨어졌다. 이런 파렴치한 모습을 이 여자애의 부모가 보면 뭐라고 할까. 똑같은 행동을 미유키가 어떤 아저씨에게 한다고 생각하면 너무 불쾌해 구역질이 날 지경이다.

큰길에서 골목으로 접어들어 30초쯤 들어가더니 마나가 걸음을 멈췄다. "다 왔어요. 여기야" 하며 그녀가 가리킨

곳은 깔끔하고 자그마한 건물이었다. 겉모습은 요즘 유행하는 디자인을 중시한 아파트. 지상 5층 건물인데 많아야 30세대쯤 될까? 통유리로 된 건물 현관은 세련되고, 지은 지 몇 년 되지 않아 보였다. 20대 여성이 혼자 살기에는 제법 고급 아파트다.

엘리베이터를 타고 4층에 내려 앞에서 네 번째인 404호실로 갔다. 얼핏 보니 특별히 문패 같은 것은 걸려 있지 않았다. 방 좀 정리할 테니 3분만 기다리라는 빤한 소리로 기다리게 할 줄 알았는데 바로 안으로 안내했다.

"들어와요."

"그럼, 실례."

내부는 방 하나에 주방이 있는 지극히 일반적인 구조였다. 들어가서 오른쪽에 욕실과 화장실이 있고 왼쪽이 주방, 그 바로 앞에는 드럼 세탁기가 놓여 있다. 깔끔하게 정돈되었다고 하면 듣기는 좋겠지만 전체적으로 가구가 별로 없어 굳이 이야기하자면 썰렁하다는 표현이 더 어울리지 않을까?

"좁아서 불편할 테지만…."

네 평쯤 되는 방에서 먼저 눈길을 끈 것은 정면에 있는 커다란 창이다. 지금은 아이보리 화이트 커튼이 쳐져 있지만 낮에는 햇볕이 아주 잘 들겠다. 벽지도 커튼과 마찬가지로 흰색이다. 방 안에 들어와 오른쪽 벽 가까이에는 싱글베드, 그 위 천장 부근에는 에어컨이 한 대. 남의 집이지만 자다가 지진이라도 일어나면 어쩌나 하는 걱정이 든다. 왼쪽으로는 액자와 화분, 차곡차곡 접은 옷가지, 세탁 바구니 등이 놓인 철제 랙, 액정 텔레비전이 놓인 키 낮은 받침대, 큼직한 정수기. 마룻바닥은 이런 계절이면 좀 추울 테지만 방 한복판에 놓인 동그란 러그는 흰색 털이 길고 풍성해 따스하게 느껴졌다. 그 위에는 티슈 상자가 놓인 둥근 테이블이 있고, 옆면에 살짝 멋을 부린 필기체로 'KEEP CLEAN USE ME'라고 적힌 알루미늄 쓰레기통, 그리고 소파 대신 쓰는 걸로 보이는 커다란 비즈쿠션. 분명히 넓지는 않아도 화이트 계열로 갖춘 가구가 공간과 잘 어울려 주인의 감각이 군데군데 엿보였다.

"일단 편한 데 앉아요. 아, 그거 이리 주고."

내 상의와 모자를 받아 들더니 마나는 방에서 나갔다. 현관 옆 옷장에 걸어두려는 모양이다. 시킨 대로 일단 비즈쿠션에 편하게 앉았다. 쓰레기통이 손에 닿을 거리에 있어서 별 이유도 없이 끌어당겨 들여다보았다. 안에는 찌그러진 츄하이 빈 깡통이 하나. 어젯밤에 한잔했나?

기다리기 따분해 다시 실내를 둘러보았다. 침대는 깔끔하게 정돈되어 있고, 머리맡에는 아무것도 연결되지 않은 전원 탭이 보였다. 이때 스마트폰 배터리가 거의 다 닳았다는 사실이 생각났다. 아침까지 이 방에서 머물 생각은 전혀 없다. 그렇다면 지금 가능한 한 충전을 해두어야 한다. 욕실로 가서 "콘센트 좀 빌려도 되겠어?"라고 묻자 바로 "괜찮아요"라는 대답이 돌아왔다. 가지고 다니는 충전 코드를 전원 탭에 꽂고 스마트폰을 연결했다. 얼핏 화면을 보니 '메시지 1건 나나코(奈々子)'라는 알림이 와 있었다. 아내가 보낸 메시지다. 오늘 밤에는 늦을 거라고 미리 이야기했으니 아마 '조심해서 들어와'라거나 '저녁밥 남은 건 냉장고에' 같은 평범한 연락일 테지만 이런 시간에 계속 문자를 확인하지 않으면 곤란하기에 일단 메시지를 열었다.

미유키는 오늘도 가나코짱 집에서 자고 온대.

그 순간 바로 불쾌한 기억이 되살아났다.

잊고 싶어도 잊히지 않는 '그 장면'―그건 지금으로부터 반년 전 일이었다.

"여보, 잠깐 이것 좀 봐."

아내 나나코가 가만히 미간을 찌푸리고 생각에 잠긴 표

정으로 말을 건넸다. 손에 들고 있는 것은 루이뷔통 숄더백. 크기는 작지만 동글동글하고 귀여워 제법 가격이 나갈 물건임은 쉽게 상상할 수 있었다.

"이게 미유키 방에 있었어."

그 말만 듣고는 솔직히 무슨 뜻인지 바로 이해하지 못했다. 미유키는 올해 대학 3학년이다. 그만한 나이가 되었으니 유명 브랜드 핸드백 한두 개쯤 가지고 있다고 해도 특별히 이상하지는 않다. 그런데 뭘 그걸 가지고 그렇게….

"얼마쯤 할 것 같아?"

이렇게 묻는 아내 입에서 바로 뒤이어 나온 터무니없는 금액에 나도 모르게 눈이 휘둥그레지고 말았다.

"게다가 이것뿐만이 아니야."

아내의 뒤를 따라 미유키의 방으로 들어간 나는 그냥 할 말을 잃을 수밖에 없었다. 여기저기 넘쳐나는 명품들. 하나 둘이 아니었다….

"여보, 기억해? 저번에 미유키가 잃어버렸다고 난리 친 귀걸이 있잖아?"

그러고 보니 기억이 난다. 분명히 며칠 전에 세면대 쪽에서 미유키가 난리법석을 떨었다. 귀걸이 한 짝이 안 보인다느니, 어디서 본 적 없냐느니 하면서 말이다.

"그거 불가리 브랜드인데 10만 엔쯤 할 거야."

소란을 떠는 딸을 보며 '뭔가 이상하다'라는 생각을 한 아내는 미유키가 집을 비운 오늘 참지 못하고 방 수색을 했다고 한다.

"학생이 아르바이트해서 살 수 있는 물건이 아니잖아."

이어서 아내가 이야기한 내용은 나도 그만 귀를 막고 싶을 만한 추측이었다.

말하자면 미유키는 파파스폰서─경제적 여유가 있는 나이 든 남성과 함께 시간을 보내며 그 대가로 금전을 얻는 행위를 하고 있을 가능성이 있다는 이야기다.

"지난번 스마트폰 만지작거리는 걸 뒤에서 살짝 엿보았거든."

그때 보고 말았다고 한다. 다음 화면에 나타난 남자 사진을. 어떨 때는 조건반사적으로 얼른, 또 어떨 때는 좀 고민한 뒤에 좌우로 사진을 넘기는 장면을.

"매칭 어플일 거야."

그런 어플이 있다는 건 나도 안다. 그게 제대로 된 만남을 위해서만 사용되지는 않는다는 사실도 지식으로는 알고 있었다. 하룻밤 놀이 상대를 찾는 사람, 경제적으로 원조해 줄 '파파'를 찾는 사람…. 하지만 하필 미유키가? 그럴

리 없다. 믿고 싶지 않다. 아기였을 때는 하늘에서 내려온 천사라는 생각밖에 들지 않았고, 초등학교 수업 참관 때는 다른 애들이 부모를 못 본 척할 때도 미유키는 '우리 아빠'라며 같은 반 아이들에게 나를 자랑스레 소개해 솔직히 어깨가 으쓱했다. 중고등학교 시절에 잠깐 반항기를 거쳤지만 지금도 함께 쇼핑하러 나갈 때가 있다. 용돈도 아마 다른 학생들보다 넉넉한 편일 것이다. 아니, 그런데 설마 그런 입에 담지 못할 짓을 하다니.

"요즘 외박이나 밤새고 아침에 들어오는 일이 부쩍 늘었잖아."

그만. 더는 듣고 싶지 않다.

"어떻게 하면 그만두게 할 수 있을까? 직접 주의하라고 해도 말을 듣지 않을 테고…."

혀를 차면서 스마트폰을 내려놓았을 때 마나가 방으로 돌아왔다.

화장은 그대로였지만 잠옷으로 갈아입어서 무방비 상태에 가까운 모습을 보니 어쩔 수 없이 다음 상황 전개를 의식하지 않을 수 없었다.

"샤워 먼저 하고 오시죠?"

갑작스러운 제안에 무심코 "엥?"하고 대꾸하고 말았다. 예상보다 훨씬 빠른 상황 전개다. 무드고 뭐고 없지만 오히려 번거롭지 않아서 좋다고 해야 할까? 무의미한 대화로 시간을 낭비하고 싶지는 않았고, 할 일만 하고 얼른 빠져나갈 수 있으면 물론 나야 더 바랄 게 없지만….

그런 내 '타산'을 눈치챘는지 그녀는 머쓱한 표정을 지으며 화제를 바꾸었다.

"아, 커피 있는데, 마실래요?"

이렇게 묻기는 했지만 그렇다고 내 대답을 기다리는 것 같지도 않다. 마나는 컵을 들고 정수기에서 뜨거운 물을 받기 시작했다. 컵에서 모락모락 오르는 김을 보며 취했을 때는 물이 더 나을 거라는 생각이 들기도 했지만, 굳이 참견할 일은 아니다. 게다가 마나는 애당초 취하지 않았을 가능성이 컸다.

"커피는 됐어. 샤워하고 올게."

"수건은 세탁기 안에 있어요."

방을 나와 현관 옆 드럼 세탁기 안을 들여다보니 건조가 끝난 듯한 수건이 두 장 있었다.

"소변은 앉아서 보시고"라는 주의를 흘려들으며 나는 손을 뒤로 뻗어 문을 닫았다.

…그럼 어디.

드디어 한숨 돌릴 순간이 왔다. 아직 '마지막 대작업'이 남았다고는 해도 여기까지 왔으면 나머지는 단순 작업이나 마찬가지다. 기분이 전혀 나지 않는다고 하면 거짓말일 테지만 '테이크 아웃' 할 수 있느냐 없느냐 하는 밀당이 한창일 때와 비교하면 분비되는 아드레날린의 양 따위는 빤하다. 다만, 그렇다고는 해도….

돌이켜보면 오늘은 위기라고 할 만한 순간이 거의 없었다. 굳이 떠올려보자면 2차로 들른 바에서 요즘 세상을 떠들썩하게 만드는 '매칭 어플 살인사건' 이야기가 나왔을 때 상황이 좀 이상하게 흘러간다고 느낀 정도다. 기본적으로는 처음부터 마지막까지 '테이크 아웃' 코스를 직진. 거의 완벽한 과정이었다고 할 수 있을 것이다. 하루의 피로를 달래려고 크게 기지개를 켜고, 도수가 없는 검은 테 안경과 마스크를 벗었다. 아내와 딸이 있는 처지이기도 하고, 젊은 여자와 걷는 모습을 누가 본다면 문제라서 이럴 때는 늘 변장했다.

욕실에는 변기 외에 시스템 세면대 겸 화장대가 하나. 세면기 주위에는 클렌징과 화장품 종류가 몇 가지 있었고, 컵에 세워놓은 칫솔이 하나, 내용물이 줄어 납작해진 치약

튜브, 그리고 머리 세팅을 위한 스트레이트 고데기가 대충 놓여 있을 뿐이었다. 지극히 일반적인 1인 여성 생활자의 세면대다. 화장대가 설치된 수납장도 열어 보았지만, 드라이어에 헤어스프레이, 향수가 놓여 있는 것 외에 특별히 눈길을 끄는 물건은 없었다.

옷을 다 벗고 거울 앞에 섰다. 부드럽게 파마를 한 짙은 갈색 장발, 40대라고는 생각하기 힘든 탄탄한 몸. 나이 차이가 크게 나는 여자의 눈에도 그럭저럭 매력적으로 보일 게 틀림없다. 그건 잘 알고 있다. 그런데.

…뭐지, 이 느낌은?

일이 너무 잘 풀리고 있다는 점도 물론 마음에 살짝 걸린다. 하지만 그뿐만이 아니다. 더 근본적이며 정체를 알 수 없는 '위화감'. 그런데 그 정체가 파악되지 않는다.

생각에 잠기며 욕조에 들어가 샤워 수전을 틀자 바로 앞에 있는 샤워 헤드에서 차가운 물이 쏟아져 얼굴을 정통으로 때렸다. 깜짝 놀란 데다 물도 너무 차가워 "헉" 하고 소리를 지르고 말았다.

'나 참. 정신 차려.'

온도조절 핸들을 돌리고 샤워 헤드의 높이를 내리면서 침착하자, 침착하자, 하고 몇 번이나 스스로 타일렀다.

그리고 나는 지금까지의 흐름을 되짚어보기로 했다.

*

오후 8시, JR 에비스역 서쪽 개찰구 앞에서 만나기로 되어 있었다.

'도착했어요?' 매칭 어플 기능으로 메시지를 보내자 바로 '예, 검정 니트 스웨터예요'라는 답장이 왔다. 프로필에 따르면 키는 152센티미터. 올려놓은 사진이 최근에 찍은 거라면 머리 모양은 화려한 컬이 있는 짧은 단발.

'맞나?'

모든 특징이 맞아떨어지는 여자애가 한 명 보였다.

"마나 씨, 맞아요?"

천천히 다가가 말을 걸었다. 어플에서 쓰는 닉네임은 'Mana'로 되어 있지만 본명이라는 보장은 당연히 없고, 본명이 아니라고 해서 무슨 문제가 되는 것도 아니다. 스마트폰을 보던 얼굴을 들더니 그녀는 살짝 미소를 지으며 고개를 숙였다. 흰 피부에 눈물점이 유난히 돋보였고 예쁜 콧날이 인상적이었다.

"겐토…씨?"

물론 나도 'Kento'라는 가명을 썼다. 자칫 본명이 드러나지 않도록 신분증 종류는 모두 집에 두고 나온다. 이제부터 하려는 일을 생각하면 그만한 리스크 관리는 당연하다.

"만나서 반가워요. 기다리게 해서 미안."

"아뇨, 오늘 잘 부탁드립니다."

나이는 스물셋이라는데 피부와 머리카락 상태를 보니 거의 실제 나이 같다. 프로필에 올려놓은 사진보다 꽤 통통해 보이지만 '사기다!'라고 규탄할 지경은 아니고, 오히려 몸에 딱 달라붙는 듯한 니트 스웨터와 꼭 끼는 무릎 높이의 스커트 덕분에 가슴과 히프의 곡선이 잘 드러나, 낮게 평가하더라도 상당히 끌리는 몸매였다. 화장이 짙은 건 개인적으로 마이너스인데, 아이라인을 짙게 칠한 큰 눈에 유행하는 굵은 눈썹, 부어오른 듯한 입술은 아무리 봐도 놀아본 여자 같고, 그런 모습이 하필이면…

…미유키를 꼭 닮았다.

나도 모르게 쓴웃음이 나왔다. 머리 모양이나 키가 거의 비슷하기 때문인지 전체적인 분위기는 닮았다. 매번 굳이 닮은 아이를 고르기 때문에 '뭘 새삼스럽게' 하는 느낌은 들지만 아무래도 좀 멋쩍어진다.

그러니까, 간단하게 이야기하면.

'성공이다.'

만난 지 몇 초 지나지 않아 이런 결론을 내렸다. 요즘 몇 건인가 '생각했던 것과 다르다'라는 상황이 이어지기도 해서 아무래도 의욕이 솟았다.

"그럼 갈까?"

"그래요, 기대되네요."

마나와 나를 이어준 가교 노릇을 한 '티아모TiAmo'는 서비스를 시작한 지 1년 만에 업계 1위에 올랐고 지금도 가장 인기 있는 매칭 어플이다. 등록 사용자는 천만 명이 넘고, 이 어플을 통해 만나서 그대로 결혼에 골인한 커플도 아주 많다고 한다. 가장 큰 특징은 '데이트에 이르기까지의 간편함'. 그도 그럴 것이 연결된 뒤에는 그저 어플이 제공하는 순서를 그대로 따르기만 하면 만날 장소 선택부터 일정 조정, 좌석 예약까지 완료되기 때문이다. 바꿔 말하면 자기소개 따위 정형적이고 번잡한 과정을 거치지 않고 바로 당일에 데이트할 수 있다는 이야기다.

우리도 이렇게 어플이 소개한 '치도리아시 비어 웍스'라는 수제 맥주 전문점을 그대로 예약해 오늘 데이트하게 되었다. 서로 프로필 정보에서 '술을 마시는 빈도 : 자주'를 선택했고, 좋아하는 술에서 '맥주'를 1번으로 꼽았던 점도 이 가게를 골라준 이유 가운데 하나일지 모른다.

"어서 오십시오. 두 분으로 예약하신 스즈키 고객님, 맞으시죠?"

이런저런 하찮은 잡담을 나누다 보니 가게에 도착했다. 자연스럽게 안쪽 카운터 테이블로 안내받아 L자 모퉁이에서 비스듬히 마주 보는 위치에 앉았다. 별생각 없이 자리에 앉으려고 하는데 마나가 "전 왼손잡이라서요" 하며 내 왼쪽 비스듬히 앞 좌석에 자리를 잡았다. 잔을 들 때 서로 팔이 부딪히지 않게 하려는 배려인 모양이다. 사소한 부분이라고는 해도 이런 모습은 플러스 요소다.

"겐토 씨는 술을 자주 드세요?"

"응, 뭐. 술이 세지는 않지만 좋아하는 편이랄까."

자리에 앉으면서 모자와 마스크를 벗었다. 맨얼굴을 드러내기는 좀 꺼려졌지만, 이제는 결단을 내릴 수밖에 없다.

"에이, 얼핏 보기에도 술이 셀 것 같은데요."

"오히려 마나 씨야말로 자주 술자리를 가질 것처럼 보이는데."

"잘 놀 것 같다는 말은 자주 듣는 편이지만, 전혀 그렇지 않아요."

"그럼 건배."

"반갑습니다."

쨍, 하는 경쾌한 소리와 함께 전투의 서막이 올랐다. 그래봤자 평범한 데이트와 다를 게 없다. 맛있는 식사와 술의 힘을 빌려 대화하며 거리를 좁혀갈 뿐. 늘 그러듯 초반전은 철저하게 상대의 이야기를 '듣는 역할'에 치중하고, 우선 잽을 던지듯 출신지부터 물어보기로 한다.

"마나 씨는 간토 지방 출신인가?"

"아뇨, 태어난 곳은 후쿠시마현이에요. 그런데 고등학교 졸업하자마자 도쿄로 왔죠…."

도쿄도에 있는 모 여자 단기대학에 진학해(어느 학교인지는 비밀이에요, 라고 한다) 지금은 의류를 전문으로 다루는 어느 회사(이것도 어딘지는 비밀이라고)에서 경리 업무를 담당하는 3년차 사회인. 직장은 에비스에 있고 오늘은 퇴근하고 바로 왔다고 한다.

"아, 내 머리카락 뻗치지 않았나요?"

"음, 아니. 별로 그렇지 않은데… 왜?"

"오늘 한 시간 반쯤 늦게 일어나서요. 시간이 너무 빠듯해서 머리만 잠깐 만지고 화장도 최소한만 하고 뛰어나왔거든요."

"그러면 평소엔 화장과 머리 손질에 한 시간 반쯤?"

"설마요! 화장 같은 건 늘 5분쯤 걸려요."

"그럼 달리 뭘 하는데?"

"아침 식사를 하고 스트레칭도 하고, 자고 일어나면 백비탕*을 마시기도 하고…."

"잠에서 깨면 백비탕을? 모델 같네."

"해보세요. 미용이나 건강에 좋대요. 하지만 역시 오늘은 끓일 시간이 없어서 아무것도 먹지도 마시지도 못하고 뛰어나왔죠. 일어나서 집을 나설 때까지 10분도 걸리지 않았어요. 대단하지 않아요? 그랬더니 배가 엄청 고프네요."

그렇다고는 해도 화장은 제대로 되었네, 하는 심술궂은 대꾸를 할까 하는 생각도 얼핏 들었지만, 당연히 입 밖에 내지는 않았다. 점심시간이나 업무가 끝난 뒤에도 화장할 시간은 얼마든지 있었을 거라고 생각을 고쳤다.

"아, 그렇다면 많이 드셔."

"그럼, 사양하지 않을게요."

그 뒤로 한동안 마나가 일상생활에서 보이는 집착이 화

---

* 일본은 '사유(白湯)'라고 한다. 대개 아무것도 넣지 않고 끓였다가 섭씨 50도 정도로 식힌 물을 가리키며 아침 공복에 마시면 건강과 미용에 효과가 있다고 믿는다.

제의 중심이 되었다. 아무리 피로해도 집에 돌아가면 반드시 화장을 지운다, 옷을 그대로 입은 채로 침대로 다이빙한다는 이야기는 말할 것도 없고. 자는 동안에 세탁기를 돌리는데 아침까지 건조가 끝나지 않았으면 기분이 찜찜하다. 샴푸와 린스는 병 바닥이 미끈미끈해지면 신경이 쓰여 항상 꼼꼼하게 닦는다. 그게 뭐 어때서 그러냐고 하면 할 말이 없지만, 섬세하고 꼼꼼하면서 보기보다 야무진 타입이기는 한 모양이다.

"취미 같은 건?"

"일단 '카페 순례'와 '영화 감상', '헬스클럽 다니기'라고 해야 할 텐데…."

헬스클럽은 가끔 빼먹는 눈치다. 대신 요즘은 자취에 흥미가 생겨 생선 뫼니에르를 직접 만들어보기도 하고, 뚝배기를 사다가 밥 짓기를 여러 방법으로 시도하는 등 여하튼 많은 것을 해보고 있단다.

"요리 같은 건 전혀 하지 않을 사람으로 보이는데, 의외인걸."

"그래요? 괜찮다면 다음에 제가 직접 요리를 만들어드릴게요."

"뭐? 아아, 그래. 고마워…."

요리가 취미라는 여자에게 "언제 직접 해주는 요리를 먹고 싶네"라며 웃기는 수작을 부리는 남자는 꽤 있지만, 설마 상대방이 먼저 '해주겠다'고 나올 줄 몰랐기 때문에 좀 당황했다. 게다가 함께 술집에 들어온 지 기껏해야 20분밖에 지나지 않았다. 일이 잘 풀린다고 하면 그뿐이지만, 살짝 마음에 걸리는 느낌이 든 것도 사실이다.

"형제는?"

"맞혀보세요."

살면서 가장 재미없는 이런 퀴즈에는 '오빠 하나'라고 깊이 생각하지 않고 대꾸했다. 정답은 세 자매라고 한다 (그런 걸 알 까닭이 있나). 마나는 막내, 두 언니는 모두 결혼해 애도 있다고 한다.

"이래 봬도 이모예요, 전."

마나는 샐쭉하게 웃더니 자연스러운 손놀림으로 버튼을 눌러 점원을 불렀다. 가만히 보니 어느새 잔이 비어 있었다. 마시는 속도가 무척 빠른 듯했다. 나도 남은 맥주를 다 들이켜면서 탐색전은 대충 끝났다고 판단하고 한 걸음 더 다가가 보기로 했다.

"도쿄로 와서는, 지금은 혼자 지내나?"

묻는 방식과 타이밍에 따라 '속이 시커멓다!'라는 낙인

이 찍힐지도 모르지만, 술기운도 조금 오른 모양이니 문제없으리라.

"그렇죠."

"제일 가까운 역이 어딘데?"

"지유가오카예요."

졸업한 학교와 근무처는 감추면서 사는 곳은 자세하게 밝힌다는 생각이 들어 쓴웃음을 지으면서 앞으로 상황이 어떻게 전개될지 예상해보았다. 지유가오카라면 에비스에서 택시로 금방이다. 호텔이 아니라 마나가 사는 집으로 가는 방법도 생각해야 하려나? 하기야 나는 일 치를 장소가 어디인지는 특별히 신경 쓰지 않기 때문에, 최종적으로는 상대가 어떻게 나오는지 보고 그때 분위기에 따라 결정하지만….

"아, 지금 생각했죠?"

"뭘?"

"에비스에서 가깝구나, 하고."

턱을 괴면서 내 속을 들여다보려는 듯 눈을 가늘게 뜨는 모습은 가게의 어두운 조명 탓도 있어 무척 성숙하게 보였다. 딸 미유키와 또래인데도 이런 섹시한 분위기를 풍기다니, 대체 지금까지 어떤 삶을 살아온 건가 하는 의문이 들었다. 어쨌든 지금은 마나가 나를 '시험하고 있는 순간'이니, 이상하게 부정하기보다 솔직하게 나가는 편이 더 나으리라.

"응. 방 벽이 얇지 않으면 좋겠네, 하는 생각도 했지."
"어머, 너무해. 야하긴!"

짐짓 미간을 찌푸리며 입을 삐죽거리는 마나. 그렇지만 나를 보는 눈빛은 무척 뜨거웠다. 나는 마나가 잘 이해되지 않았다. 첫인상은 놀기 좋아하는 여자애라 바로 할 수 있을 것 같다는 생각이 들었는데, 일상생활에서 보이는 집착에 대해 들어보면 의외로 진지하고 꼼꼼한 편인지도 모른다. 그런데 이런 야한 대화도 수비 범위 안인 모양이다. 게다가 의미심장하고 뜨거운 눈길까지 보내는 상태. 대체 어느 쪽이 마나의 진짜 '본성'일까.

점원이 주문받으러 왔을 때 잠깐 대화가 끊어졌다. 스마트폰으로 확인하니 20시 30분. 지금까지의 전개 상황을 돌이켜 보면 만난 지 30분 치고는 합격점이리라.

그래서 기어를 더 올리기로 했다.

"마나 씨는 이 어플로 몇 명이나 만났지?"

점원이 돌아간 뒤, 단도직입으로 물어보았다.

"글쎄요, 몇 명인가?"

"어땠어?"

"생각보다 다들 좋은 사람들이었어요. 꽃미남도 있었고."

"그 꽃미남과는 어떻게 되지 않은 건가?"

"어떻게?"

"사귄다거나."

"아…, 그런 건 없죠."

그런 건 없다.

교제는 하지 않지만 같이 자는 정도라면 괜찮다고 넌지시 냄새를 풍기는 걸까?

'다루기 힘든 여자애로군, 이거.'

그래도 역시 지금은 텐션을 올리지 않을 수 없다.

"그럼, 그 밖에 다른 건 있다, 이런 이야기?"

"뭐, 그야 저도 성인이니까요."

후훗, 하고 도전적으로 미소 짓는 그녀를 보며 속으로 '빙고!' 하고 쾌재를 불렀다. 재미있을 만큼 예상대로라는 생각이 들었다. 나는 프로필 페이지 정도만 봐도 상대가 어떤 타입인지 짐작할 수 있었다. 사실 이렇게 미리 살펴보는 덕분에 내 '테이크 아웃' 성공률은 비교적 높은 편이다. 지금까지 아홉 명을 만나, 여섯 명을 해치웠으니 전적이 그리

나쁘지 않다.

"겐토 씨야말로 그런 거 많이 하시잖아요?"

"아니야, 전혀. 시작한 지 이제 반년밖에 되지 않았어."

성공률을 높이려면 어떤 타입인지 구분하는 것이 중요하다. 예를 들면 자기소개 글. 여기에 휴일을 어떻게 지내는지, 취미는 무엇인지, 이상적인 남성형은 어떤지 등을 길게 적어놓은 경우는 대개 테이크 아웃에 적합하지 않다. 적극적으로 자기를 드러내는 것은 진지한 만남을 추구한다는 다른 표현이기 때문이다. 그런 면에서 마나의 자기소개는 간단했다. '대부분 한가합니다. 꼭 한잔해요!'뿐. 이런 경우는 맺고 끊기가 확실한 타입이라 어쨌든 즐겁게 마시면 되고, 나중에는 같이 자는 것도 사양하지 않는 아이일 확률이 높다고 할 수 있다. 또 프로필에 자기 사진을 잔뜩 올리는 부류도 적합하지 않다. 자기애가 강해서 까다로운 성격일 경우가 많다. 그런데 마나는 정면 클로즈업 사진 한 장뿐이었다. 이런 점들을 감안해 '비교적 테이크 아웃하기 쉬운 부류'라고 보았다.

"겐토 씨는 반년 사이에도 많은 여자와 잤겠죠?"

"그런 발언, 아버지가 들으시면 울지 않겠어?"

"괜찮아요. 집에 가면 아주 착한 아이라서."

그 뒤로도 이런 자질구레한 이야기를 나누며, 잊을 만하면 술잔을 기울이다 보니 어느새 23시가 지나 있었다.

"일단 나갈까?"

"그럴까요?"

먼저 계산을 마쳤다. 영수증을 보니 둘이서 열 잔. 적지 않은 양이지만 딱 좋을 만큼 취기가 오를 무렵이다. 문제는 다음이다.

"한 잔 더 하러 갈까?"

수제 맥주 전문점에서 나오자마자 마나는 바로 팔짱을 끼었다. 원래는 박수갈채와 만세 삼창을 해야 할 상황인데, 이때도 한 가닥 의심이 뇌리를 스쳤다. 상황이 너무 쉽게 풀렸기 때문이다. 적어도 견제하기 위해 전철 막차 시간을 확인하는 척이라도 해야 할 장면이 아닐까? 남자로서 나는 여성의 그런 모습도 나름 매력적이라고 생각하는데, 이렇게까지 적극적이고 과감한 여자애는 처음이었다.

"갈 만한 바가 있다는데, 거기도 괜찮겠어?"

"물론이죠. 근데 근육이 엄청나네요. 운동하세요?"

"아니, 뭐 남들과 비슷한 정도 아닌가…?"

팔뚝에서 가슴팍까지 차례로 쓰다듬는 그 손길에는 멋쩍거나 주저하는 기색이 없어 오히려 기분이 식었다. "늘 그렇게 남자를 가지고 놀지?" 하며 가볍게 농담을 던지기도 꺼려질 정도다.

"게다가 키도 크시고."

마나가 약간 높이가 있는 펌프스를 신고 있다고는 해도 30센티미터 가까운 키 차이다. 내 모자를 벗기려면 까치발을 들어도 마나의 손이 닿을까 말까 할 정도였다. 이런 식으로 장난치는 모습도 일반적으로는 사랑스럽게 여겨질 테지만, 역시 왠지 연기하는 느낌이 들었다.

"조금 걸어도 괜찮을까?"

"물론이죠."

5분도 지나지 않아 미리 생각해 두었던 바 '르푸'에 도착했다. 상황이 이렇게 전개되면 세상 남자들은 '의기양양한 얼굴'로 자칭 단골 바에 데리고 가는 일이 많다고 들었는데, 내 경우에는 오히려 처음 가는 가게를 찾아가는 게 대부분이었다. 물론 주인이 얼굴을 기억하게 될지도 모를 리스크를 가능한 한 줄이기 위해서다.

주상복합 빌딩 지하 1층에 있는 그 바는 아는 사람만 아는 숨은 술집으로 유명하다. 무엇보다 가장 큰 특징은 카운터석인데, '장막'으로 가릴 수 있게 되어 있어서 다른 손님 자리와 두 사람의 공간이 완전히 차단되는 구조다. 적당히 어둡게 조절한 조명까지 어울려 그야말로 마무리하기에는 더할 나위 없는 환경이라고 할 수 있다.

"어머, 여긴 완전히 '그런' 가게네요."

가게 안에 들어서자마자 마나는 어처구니없다는 듯이 웃어 보였지만, 그 말투는 외려 재미있다는 투였다. 흘끔 이쪽으로 시선을 던진 주인은 '다 알고 있습니다'라며 비밀스러운 약속을 나누듯 고개를 끄덕이더니, 말없이 카운터 끝에 있는 두 사람 자리를 보여주었다. 마나가 왼손잡이인 만큼 여기서도 내 왼쪽에 자리를 잡게 되었다.

주인이 "부디 그쪽도 사용해주세요"라고 해서, 자리에 앉자마자 그 유명한 '장막'으로 얼른 좌석을 가리기로 했다. 이미 지나치게 충분할 만큼 분위기 넘치는 가게 안에 자연스레 생겨난 '단둘만의 공간'. 이 정도면 정말로 거리는 자연스럽게 좁혀지게 된다. 물론 정신적인 면뿐만 아니라 육체적으로도.

"무슨 캠프 같네요. 캠핑해본 적은 없지만."

"정말 그렇군."

"어떻게 이런 가게를 아세요?"

"아, 전에 고객한테 들은 적이 있어서…."

"그런데, 내 이야기만 하고 겐토 씨에 관해서는 전혀 물어보지 않았네요."

미용사라면서요, 하고 고개를 갸웃거리는 마나에게 "맞아"라고 고개를 끄덕였다.

"작지만 그래도 가게를 두 개 가지고 있지."

"와, 오너구나! 젊은 나이에 대단하네요."

젊다—는 건 마나의 완전한 착각이다. 나는 올해 42세가 된 어엿한 아저씨인데 원래 동안인데다가 머리카락도 염색했고 피부 관리나 체형 등에도 신경을 썼기 때문에 열 살 어리게 이야기해도 의심받는 일은 거의 없다. 사실 어플에 32세로 등록했는데, 지금까지 아무도 의심하지 않았다. 하긴 혹시 이상하다는 생각이 들어도 "나이를 속였군요"라는 말은 하지 않을 테지만.

"애인은 만들지 않으세요?"

"응, 별로"라고 했지만 유부남이다.

"인기 많을 것 같은데."

"그렇게 보여?"

"네. 이야기도 재미있게 잘하고, 키도 크고. 몇 센티미터예요?"

"186센티미터쯤?"

"와, 크다."

이때 첫 잔이 나왔다. 마나는 진토닉이고 나는 라프로익 10년산 온 더 록이다.

"그럼 한잔."

"건배."

조촐하게 술잔을 나누는 사이 밤은 또 깊어갔다.

속마음을 털어놓기 딱 좋은 어두컴컴한 조명. 진열장에 놓인 수많은 술병. 나지막히 들려오는 재즈 음악. 이런 가게 분위기에 젖어 대화 주제는 1차 때보다 사적인 내용이 많았다. 예전 연애에 얽힌 실패담, 잊을 수 없는 전 여친, 전 남친에 관한 에피소드, 그리고 이 어플을 시작하게 된 이유.

"난 너무 화가 나요. '친구 소개로 시작해봅니다'라거나 '사용법을 아직 잘 몰라요' 하는 이런 소리를 굳이 자기소개 글에 늘어놓는 여자애들 말예요. 마치 '난 전혀 하고 싶은 마음은 없지만' 하며 변명하는 것 같아 구질구질하지 않아요? 친구 소개건 뭐건 시작하기로 한 사람은 본인이면서, 하는 생각이 들어서."

술기운이 돌아서 그런지 1차 때보다 마나는 꽤 수다스러웠다.

"그럼 마나는 그 생각이 있어서 시작했다는 건가?"

말투로 보아 그런 셈인데, 이 물음에 대해 그녀는 "음, 뭐랄까?" 하고 중얼거리더니 입을 다물고 말았다. 억지로 대화를 이어갈 필요는 없어서 나는 말없이 위스키를 마셨다.

잠시 침묵. 이윽고 마나가 불쑥 중얼거렸다.

"하지만 언제까지 이런 짓을 해야 하는 걸까 싶어 가끔 공허해지죠."

"이런 짓이라니?"

"어플로 잘생긴 남자를 만나 적당히 마시고 잠깐 즐기는, 그런 거."

멍하니 허공으로 시선을 옮기는 그 옆얼굴은 역시 예쁘고 섹시하다.

"그리 나쁘지는 않다고 생각하는데."

"그렇지만 역시 공허해지죠."

게다가 말이죠, 하며 마나는 손에 든 잔에 시선을 떨어뜨렸다.

"좀 무서워요. 끔직한 사건도 일어나고."

'사건?' 순간 상황이 이상하게 흘러가는 냄새가 났다.

"어플을 통해 만난 여자를 죽이는 놈이 있잖아요."

'오오, 신이시여. 이건 정말 너무하잖아요.'

지금 마나는 요 반년 사이 세상을 떠들썩하게 한 연쇄살인 사건을 이야기하고 있다. 피해자는 지금까지 6명. 모두

20대 초반이며 현장에는 '매칭 어플 사용 여자 징벌대 다녀 가다'라고 적힌 메시지가 남았다. 경찰은 동일범의 소행으로 보고 그 행방을 쫓고 있다고 한다. 어쨌든 이 타이밍에 이런 이야기가 나오다니, 상황이 아주 좋지 않다. 아무리 생각해도 테이크 아웃과는 정반대 방향으로 인력이 작용하는 화제임이 틀림없다. 술을 좀 많이 마시게 했나? 마나는 분명히 불안한 모습을 보이기 시작했다.

"…이제 그만 해산할까?"

이럴 때 중요한 건 '손을 떼는 타이밍'이다. 물론 이대로 멀뚱멀뚱 돌아설 생각은 아니지만 "난 그런 짓 하지 않아"라거나 "걱정이 너무 많네" 하는 경박하고 근거 없는 소리를 늘어놓아봤자 상황이 나아질 리 없다. 그만 헤어지겠느냐고 물어놓고 "그럼 이만 갈게요"라고 나오면 애당초 인연이 아닌 걸로 단념할 수밖에 없다. 쓸데없이 치근덕거리며 소란을 떨어봐야 문제가 될 뿐이다. 그런 의미에서 지금이 오늘의 최대 '승부처'인 셈이다. 그런데….

"으으응, 좀 더 있고 싶어요."

마나는 오른쪽 손바닥을 내 왼 손등에 얹었다.

"정말?"

"그야 지금 집에 가면 어차피 침대에 누워 넷플릭스나

보겠죠."

마나는 자그마한 머리를 천천히 내 왼쪽 어깨에 기댔다.

'…오오, 신이시여. 조금 전 저의 무례를 용서해주시옵소서.'

이걸로 '성공적인 마무리'다. 왼손을 뒤집어 마나의 오른손을 꼭 잡아보았다. 특별히 싫어하는 기색도 없이 자연스럽게 서로의 손가락과 손가락이 깍지를 끼었다.

"아니, 넷플릭스를 본다고?"

"응. 아무 약속도 없는 주말에는 거의 종일. 그러다 그냥 곯아떨어지는 거죠."

"최고의 휴일이로군."

"그렇지만 좀 무서워요. 자다가 충전 케이블에 목이 감겨 죽은 사고 이야기를 들은 적도 있고. 또 배터리에 불이 난다거나…."

저래 봬도 사고나 사건 종류에 민감한 타입인 모양이다.

…바로 이때 마나가 갑자기 소리를 질렀다.

"악!"

"왜 그래?"

"아니, 스마트폰 배터리가 다 된 것 같아서."

뭐야, 그런 문제였나?

"충전 코드를 갖고 있는데, 충전 좀 할 수 있을까요?"

내가 주인을 바라보며 조심스럽게 묻자 "물론 됩니다"라며 고개를 끄덕였다.

"괜찮아요. 휴대용 충전기를 가지고 다니니까…."

*

오른손을 뻗어 샤워 수전을 틀어 물을 잠갔다.

도중에 어렴풋이 깨닫기는 했지만 이제 예감은 확신으로 변했다.

'그런 건가?'

집 안으로 들어와 무의식중에 맡은 '위화감'의 냄새. 마나가 유난히 적극적인 것도, 쉽게 테이크 아웃할 수 있었던 것도 이제 모두 이해가 된다.

그렇다면 이러고 있을 수는 없다.

지금 내가 처한 상황은 매우 위험하다.

목욕 수건을 허리에 두르고 벗어 놓았던 바지에서 필요한 것을 꺼내 발꿈치를 들고 살금살금 욕실에서 나왔다. 오른쪽을 보니 문은 굳게 닫혀 있다. 그걸 확인한 나는 일단 현관으로 가 도어체인을 잠갔다. 비상사태이고, 만약을 위해 잠가야 했다. 이렇게 해두면 만에 하나 마나가 동료에게 '증원'을 요청했다고 하더라도 아무도 들어오지 못할 것이다.

이제 준비 완료.

문 앞으로 돌아가 뛰어들기 전에 마지막으로 심호흡을 했다.

'괜찮아, 틀림없이 잘할 수 있을 거야.'

호흡을 가다듬고 마음을 굳힌 다음 단숨에 문손잡이를 돌렸다.

문 앞에서 나를 기다리고 있던 광경은…

"어머나."

문을 여는 소리에 깜짝 놀라 이쪽을 바라보는 **두 사람의 시선**.

침대에 걸터앉은 마나와 러그 위에 책상다리하고 앉은 낯선 남자―다부진 체격에 짧게 깎은 금발, 겁을 주려는 듯 험상궂은 눈빛으로 보아 내게 우호적이지 않은 게 분명하다. 남자 손에는 내 지갑과 그 안에서 꺼낸 것으로 보이는 스티커 사진이 들려 있었다.

'역시, 그래서였나?'

집에 들어오자마자 대뜸 "샤워 먼저 하고 오시죠?"라고 권한 마나. 그건 하고 싶은 욕망이 가득해 마음이 급했던 게 아니라, 그냥 나를 거실에서 내보내기 위해서였다. 샤워를 하게 되면 잠시 거실에 들어오지 못할 테니. 그사이 맡긴 상의와 내려놓은 가방을 뒤져 지갑을 **빼내고** 신분증을 찾아내는 게 그들의 수법일 것이다.

"감쪽같이 당했군. 너무 늦게 눈치챘어."

그래서 느긋하게 샤워하느라 남자가 들어올 틈을 허용하고 말았다.

지금까지 저지른 가장 큰 실수다.

"매칭 어플을 이용한 '미인계'라는 건가? 게다가 아주 조직적이고 계획적인…. 그렇다면 이 아파트는 말하자면 '사냥터'. 남자를 끌어들이기 위해 마련한 집이겠지. **네가 진짜 생활하는 집은 아니니까.**"

그렇게 틈을 노려 한패인 남자가 쳐들어온다. 어쩌면 섹스 중일 때 쳐들어올지도 모르고, 일을 치른 다음일지도 모르며, 이번처럼 먹잇감이 샤워하는 사이에 들어올지도 모른다. 어쨌든 어리석은 남자들은 상황을 이해하지 못한 채 어버버하는 사이 협박당하게 된다. 가족에게 연락하겠다, 회사에 알려도 되겠나, 얘가 미성년자인데 경찰에 신고당하고 싶다면….

내가 어떻게 이곳이 마나의 집이 아니라는 걸 알게 되었냐고?

"방 상태에 모순점이 너무 많으니까."

분명히 수상하다는 생각이 든 것은 욕실에 들어가 샤워 수전을 틀었을 때였다. 그때 바로 앞에 있던 샤워 헤드에서 쏟아진 찬물이 내 얼굴을 정통으로 때렸다.

"너무 높았어, 물 내려오는 위치가."

키 186센티미터인 나에 비해 마나는 152센티미터 정도. 펌프스를 신고 있어도 키는 내 머리에 손이 겨우 닿을까 말까 하지 않았던가? 하물며 욕실에 들어올 때 펌프스를 신을 리는 없으니 이렇게 높은 샤워 헤드에 손이 닿을 리 없고, 설사 닿는다고 해도 불편하기 짝이 없으리라.

"그리고 오늘 아침에는 백비탕을 마실 겨를조차 없었다는 말도 실수였지."

"뭐? 왜?" 침대에서 일어나 달려들 듯 다가오는 마나. 2대 1인데다가 나는 벌거숭이에 수건 한 장 걸친 상태라서 내가 압도적으로 불리한 상황이지만, 자기 실수를 지적받는 건 자존심이 허락하지 않았으리라. 조금 전까지 보이던 작은 악마 같은 귀여운 모습은 사라지고 그 얼굴은 끔찍하게 일그러져 있었다.

"분명히 '물 끓일 시간도 없어서'라고 했던 것 같은데, 이

발언은 확실히 이상했어. 아니, 저기서 금방 뜨거운 물을 받을 수 있잖아."

바로 철제 랙 옆을 가리켰다.

―샤워 먼저 하고 오시죠?

―아, 커피 있는데, 마실래요?

그때 어색하게 화제를 바꾸며 정수기에서 컵에 뜨거운 물을 받기 시작한 마나. 모락모락 오르는 뜨거운 김까지 보았으니 틀림없다. 그렇다. **이 집에서는 애당초 물을 끓일 필요가 없다.**

"게다가 세탁기 안에 있던 수건 두 장, 이것도 좀 위화감이 들었지."

왜냐하면 마나가 집착하는 일 가운데 하나가 '자는 동안에 세탁기를 돌려 아침에 건조가 끝나게 해두기'였으니까.

"오늘 넌 늦잠을 자 아무것도 먹지 못한 채 집을 뛰쳐나갔다고 했어. 그렇게 급했다면 **어젯밤 돌린 빨래가 세탁기 안에 남아 있는 게** 일반적이지 않을까."

그런데 안에 있던 것은 마치 미리 준비라도 한 듯한 수건 두 장뿐. 아무래도 어젯밤 빨래가 수건뿐이었다고는 생각하기 힘들다. 물론 아침에 수건을 제외하고 빨래를 정리했을 가능성도 없지는 않지만, 늦잠을 자 허둥지둥 서두르는 아침에 굳이 빨래를 갤 거라고는 생각할 수 없고, 백 보 양보해서 아침에 정리했다면 왜 수건만 그냥 내버려 두었을까? 이건 아무래도 자연스럽지 못하다.

"그밖에도 지적할 부분은 많지. 그렇게 바쁜 아침이었다면서 머리는 꼼꼼하게 만졌다거나. 세면대에 스트레이트 고데기뿐이라는 점도 마음에 걸렸어. 당연히 화려한 'S컬'로 머리를 만질 때 컬용 헤어 고데기가 없다면 힘들 테니까. 그런데 세면대 주변은커녕 수납장 안에도 보이지 않았어. 뭐, 이건 내가 미용사라서 눈치챈 거지만, 일반적인 남자라면 눈치채지 못하고 넘어갔겠지. 그리고 자는 동안에 코드가 목에 감기는 사고가 두려워서 머리맡 콘센트에는 아무것도 꽂지 않는다면서? 휴대용 충전기를 가지고 다니니 집에는 충전 코드가 있어야 당연하다고 생각했는데…."

"거참, 쫑알쫑알 시끄러운 놈이네."

짜증을 참지 못해 남자가 일어섰다. 키나 체격이나 나보다 훨씬 크다. 제대로 맞붙으면 승산이 없을 것이다. 그의 손에는 여전히 내 지갑에서 꺼낸 스티커 사진이 들려 있었다.

"여기가 진짜 집이 아니라는 게 뭐 어때서? 너 결혼해서 딸도 있지?"

가족이 함께 찍은 스티커 사진을 지갑에서 빼놓는다는

걸 깜빡한 건 완전히 내 실수다. 하지만 틀림없이 그들도 예상하지 못했던 일이리라. 지갑을 빼앗은 것까지는 좋았는데 설마 신분증 같은 게 전혀 들어있지 않을 거라고는 상상도 못 했을 테니까. 이런 건 내가 한 수 위라고 해도 좋을 것이다. 그들은 내 본명은 물론 집 주소도, 그 무엇 하나 파악하지 못한 상태이며, 그래서 하나뿐인 개인정보라고 해야 할 '가족 스티커 사진'을 내밀며 협박할 수밖에 없는 노릇이다.

"매칭 어플로 어린 여자를 낚아 딸과 나이가 비슷한 여자애에게 손을 대다니…. 게다가 이것 좀 봐, **헤어스타일까지 똑같잖아?** 자기 딸을 닮은 여자를 품으려고 하다니, 대체 머릿속이 어떻게 된 거야? 졸라 끔찍하네, 정말."

스티커 사진은 올해 미유키 생일에 가족이 함께 찍은 것이다. 당연히 날짜와 나이가 적힌 사진도 섞여 있었다. 그러니 내게 마나와 또래인 딸이 있다는 사실도 협박에 빼놓을 수 없고, 굳이 자기 딸과 닮은 여자를 고르는 게 '졸라 끔찍'하다는 말도 이해는 된다.

"수건 한 장으로 몸을 가리고 욕실에서 나온 것도 하고 싶은 욕심이 굴뚝같기 때문일 테지? 콱 뒈져버려라, 그 짓 할 생각만 하는 놈아."

남자가 그렇게 내뱉은 순간 내 입가에 미소가 떠올랐다.

'그 짓 할 생각만 하는 놈이라고?'

역시 그들은 착각했다.

나는 남자 앞으로 성큼 다가가 뒤로 감춘 손에 들고 있던 버터플라이 나이프를 가로로 재빨리 휘둘렀다. 휙, 하는 경쾌한 소리와 함께 남자의 숨통이 끊어지고 순식간에 새빨간 피가 흘러나왔다. "헉"하고 두 손으로 자기 목을 감싸며 그대로 바닥에 엉덩방아를 찧은 마나. 그 옆에서 목을 움켜쥔 남자가 입을 뻐끔거리며 무릎을 꿇더니 쓰러졌다.

"옷에 피가 튀면 안 되기 때문에 수건 한 장만으로 가리고 나온 거지."

땀 때문에 미끄러지지 않도록 칼자루를 고쳐 잡았다.

"똑같이 목적이 있어서 여자를 낚기는 해도, 난 하는 게 아니라 '죽이는' 쪽이야."

그대로 남자 정면에 한쪽 무릎을 꿇고 나이프를 들어 마무리 일격을 왼쪽 가슴에 찍어 넣었다.

"…기억이 나지 않나?"

남자의 가슴에 꽂힌 버터플라이 나이프를 뽑고 천천히 일어섰다.

"뭘?"

덜덜 떠는 마나는 간신히 목소리를 짜냈다.

"내가 이런 걸 하는 게 일곱 번째라고 했어."

허리에 두르고 있던 수건으로 칼날을 닦으며 '오늘 밤의 표적'을 내려다보았다.

―저어, 이런 거 몇 번째죠?

―일곱 번째인가?

―어머, 그걸 셌어요?

―그야 당연히 세지. 지금까지 몇 명을 처리했는지 정도는.

―좀 무서워요. 끔직한 사건 같은 것도 있고.

―어플을 통해 만난 여자를 죽이는 놈이 있잖아요.

피해자는 지금까지 모두 여섯 명. 모두 20대 초반이고, 현장에는 '매칭 어플 사용 여자 징벌대 다녀가다'라고 적힌 메시지가 남아 있어 경찰은 동일범의 소행으로 보고 그 행방을 쫓고 있다고 한다.

"이건가?"

몸을 굽혀 바닥에 떨어져 있던 클러치백 안에서 그 글귀가 적힌 쪽지를 꺼냈다.

"어떻게 해서든 매칭 어플로 만난 걸 세상에 밝힐 필요가 있어서 말이지."

"도대체 왜…?"

그 질문을 받고 나는 다시 그날로 돌아갔다.

―전에 스마트폰을 만지작거리는 걸 뒤에서 들여다보았지.

―매칭 어플이라고 생각해.

―요즘 외박이나 밤새고 아침에 돌아오는 일이 부쩍 늘었잖아.

"그만두게 하고 싶었지."

"그만두게 해? 뭘?"

―어떻게 해야 그만두게 할 수 있을까.

아내가 머리를 감싸 쥐던 그날, 나는 마음을 굳히고 말았다.

직접 주의하라고 해도 안 된다면 **간접적으로 주의를 줄 수밖에 없겠다**, 라고.

"또래 여자애가 계속 매칭 어플을 통해 만난 남자에게 살해당한다면 아무래도 어플 사용을 삼가지 않을까 해서."

"뭐? 제정신이야?"

말도 안 돼, 라는 듯이 마나는 고개를 계속 저었다.

"그래서야. 나이가 비슷한 정도가 아니라 **굳이 외모까지**

닮은 여자를 고른 건."

 피해자 얼굴 사진이 알려지고 그 인물들의 공통점이 주목받으면 딸도 정신을 차리겠지. 20대 초반, 화려한 컬이 있는 짧은 단발. 자기가 범인의 '기호'에 딱 맞는다는 사실을 알게 된다면 말이다.

 "미쳤어."

 "그게 세상에서 가장 사랑하는 딸을 위해서 한 일이라고 해도?"

 이번에는 공연한 희생자 한 명이 늘었지만 어쩔 수 없다. 나는 다시 칼을 쥔 손을 치켜들었다.

*

 몸에 튄 피를 샤워로 씻어낸 뒤 방 안을 한차례 확인했다.

 지문이나 머리카락은 어딘가 남아 있을 테지만 나는 전과가 없으니 찾아낼 가능성은 전혀 없다. 변장도 철저하게 했고, 마나와의 접점은 어플 이외에 전혀 없어서 애당초 수사선상에 오를 일도 없다. 오히려 잊어서는 안 될 일은 두 사람의 스마트폰을 챙기는 것이다. 마나의 전화기에는 어플을 통해 나와 나눈 대화가 여럿 남아 있을 테니 이대로 방에 남겨둘 수는 없다.

회수하는 김에 시체의 지문으로 전화를 잠금 해제하고 만약을 위해 그들이 나눈 대화를 살펴보았다. 내용은 내가 예상했던 그대로였다. 그들은 '미인계'를 쓰는 조직적인 범죄 그룹 구성원이며, 매칭 어플로 만난 남자를 이 방으로 끌어들여 협박해 돈을 뜯어내는 일을 생업으로 삼았던 모양이다. 수법은 매번 같은데, 상대가 방심한 틈을 노려 한 패인 남자가 방으로 뛰어드는 식이다.

어쨌든 이렇게 해서 한 건 끝냈다.

두 사람의 스마트폰을 클러치백에 넣으며 마지막으로 떨어뜨린 물건이 없는지 침대 아래를 살피는데…

…어?

거기 반짝거리는 귀걸이가 떨어져 있었다.

바로 그때 클러치백 안에 넣어둔 스마트폰이 진동했다. 꺼내서 확인해보니 남자의 스마트폰 화면에 '문자 1건'이란 알림 표시가 보였다.

'설마, 아니겠지.'

그렇게 생각하면서도 가슴이 마구 뛰어 다시 휴대전화 잠금을 해제해 내용을 읽어보았다.

수고가 많아요. 집은 이미 비웠겠죠? 나도 지금 그 아파트를 쓰고 싶은데…

전화기 화면에서 도저히 눈을 뗄 수 없었다.

―여보, 기억해? 저번에 미유키가 잃어버렸다고 난리를 친 귀걸이 있잖아?

―그거 불가리 브랜드인데 10만 엔쯤 할 거야.

―학생이 아르바이트해서 살 수 있는 물건들이 아니잖아.

―매칭 어플일 거야.

메시지 앞머리에 있는 '발신자 미유키'라는 글자에서 말이다.

판도라

한숨을 내쉬며 키를 돌려 자동차 엔진을 껐다.

역 앞 로터리에서 차를 세운 지 기껏해야 몇 분. 어느새 비가 본격적으로 쏟아지기 시작했다. 총알 같은 물방울이 끊임없이 보닛과 지붕 위를 두드린다. 앞 유리창 너머로 보이는 세상은 원래 모습을 알아볼 수 없을 만큼 일그러지고, 녹아내리고, 젖어 있었다.

"비가 오니까 돌아오는 길에 역까지 마중을 나가줘."

아내 가오리(香織)가 이렇게 명령을 내린 게 30분쯤 전이었다. 그때 나는 사정이 있어 어느 장소에 있었는데 물론 바로 그러겠다고 했다.

"응? 우산? 필요 없어. 짐만 늘어날 뿐이야."

"여차하면 아빠에게 마중 나오라고 할게."

그렇게 내내 웃는 얼굴을 보이며 현관을 뛰어나간 마나쓰(真夏)의 뒷모습을 떠올렸다.

겨우 몇 시간 전에 일어난 일인데 벌써 아득한 옛일 같다.

한여름인 8월 5일에 태어났다. 그래서 '마나쓰'*라고 이름을 붙였다. 너무 성의 없이 지었다고 하면 할 말이 없지만, 그 이름에 어긋나지 않게 천진난만하고 활달한, 다들

---

* 일본어로 한여름을 뜻한다.

판도라

인정하는 '착한 아이'로 자라주었다는 생각이 든다. 며칠 전 17세 생일을 맞이한 고2. 걱정이 많고 고지식한 부모와는 달리 어딘가 대범하고 좀 허술한 면도 있는 분위기 메이커다. 늘 친구들 중심에 있으며 학교 배드민턴 동아리에서는 부회장을, 반에서는 부반장을 맡기도 하고.

"뭐, 회장이나 반장 자리를 차지할 만한 그릇은 아니지."

자주 이렇게 농담하며 웃지만, 학창 시절의 나와는 완전히 다르다. 굳이 따지자면 나는 내성적이고 남들 앞에 나서는 역할을 해본 적도 없다. 좁고 깊은, 아주 한정적인 교우 관계만 유지하며 살아온 나와는 정반대다.

그런 생각을 하면서 핸들에 얹은 왼쪽 팔로 시선을 옮겼다.

팔꿈치 안쪽에 붙인 몇 센티미터쯤 되는 흰색 반창고.

'어쩌면 좋지?'

'아아, 어떻게 해야 하나?'

순간 내 의식은 2주 전으로 옮겨 갔다.

그날 점심때 조금 지나서 받은 메시지 한 통.

모든 것은 그때부터 시작되었다.

2주 전 토요일, 아침 7시가 조금 지났을 때였다.

여름방학이라고는 해도 동아리 활동 때문에 매일 외출하는 마나쓰는 텔레비전을 보면서 아침 식사를 하고, 아내 가오리는 앞치마 차림으로 주방과 식탁을 오갔다. 나는 잠이 덜 깬 눈으로 커피를 마시며 조간신문만 훑어볼 뿐이었다.

"와, 저거 너무하지 않아?"

토스트를 먹던 마나쓰가 텔레비전 화면을 턱으로 가리켰다.

신문에서 눈을 들어 끌리듯 텔레비전 화면을 보니 거기에는 '어느 사건'에 관한 최신 뉴스가 흘러나오고 있었다.

"새로운 증거가 나왔기 때문에 재판을 다시 해야 할지도 모른대."

불쌍해…. 15년이나 교도소에 갇혀 있었다니, 하며 마나쓰는 측은하다는 표정을 지었다.

그건 예전에 세상을 떠들썩하게 했던 '여자 어린이 연속 유괴 살인사건'에 관한 후속 보도였다.

사건을 알린 첫 뉴스는 지금으로부터 15년 전 8월 하순. 몇 달 사이에 도쿄도 일원에서 줄지어 행방불명된 여자 어린이 가운데 한 명이 차마 눈 뜨고 볼 수 없는 주검이 되어 발견된 일이 시작이었다. 경찰이 기를 쓰고 수사하는 가운데 그걸 비웃기라도 하듯 계속해서 발견되는 다른 소녀들. 피해자는 모두 다섯 명에 이르고, 다들 아직 나이가 어린 초등학교 저학년 학생이었다고 한다. 꿈과 희망으로 가득 찬 그 아이들의 빛나는 미래는 단 한 명의 '짐승' 손에 너무도 허무하게 사라지고 말았다.

비할 데 없는 흉악한 범죄에 세상이 떠들썩해진 것은 말할 필요도 없다.

그때 두 살짜리 딸을 둔 처지에서는 결코 남의 일이 아니었다. '마나쓰에게 뜻하지 않은 일이 생기면 어쩌나' 하는 생각에 하루하루 신경이 곤두섰다. 나이가 타깃 연령보다 어느 정도 아래라고는 해도 외출할 때면 단 1초도 눈길을 떼지 않으려고 했던 기억이 난다. 그래서 범인이 곧 체포되어 재판에서 사형선고를 받았다는 이야기를 들었을 때는 마음이 놓이고 묵은 체증이 조금은 내려갈 정도였다.

범인으로 체포된 인물은 호조지 유스케(宝蔵寺雄輔), 그때 27세였다. 세상 사람들이 무엇보다 충격을 받은 이유는 그가 흔히 이야기하는 엘리트 회사원이었기 때문이리라. 어느 국립대학을 졸업한 뒤 식품을 만드는 대기업에 취직

했다. 근무 태도가 매우 성실해 아내와 둘이 화목한 가정을 꾸리고 살았다고 한다. 그런 '평범하지만 능력 있는 남자'가 대체 왜….

항상 그렇듯 매스컴이 가족에게 우르르 몰려갔다. 폭풍이 몰아칠 걸 미리 짐작했는지 아내는 밤을 틈타 도망치듯 모습을 감추었고, 어머니는 큰 충격을 받아 응급실에 실려 갔다. 소문에 따르면 동생은 취업이고 혼담이고 모두 취소되어 실의에 빠져, 그만 극단적인 선택을 하고 말았단다. 그런데 이제 와서 재심 가능성이 떠오르다니. 만약 진짜 억울한 죄를 뒤집어썼다면 너무도 어처구니없는 이야기라고 하지 않을 수 없다.

"그런데 저 사람 말이야, 범인 젊었을 때 사진, 아빠하고 좀 비슷하지 않아?"

이러면서 마나쓰가 별생각 없이 웃자 마침 테이블을 닦던 아내가 "얘!" 하고 눈살을 찌푸리며 손길을 멈췄다.

"농담이라도 그런 소리 하지 마."

"국립대학교 졸업, 엘리트 직장인. 프로필도 꽤 비슷하고 말이야."

"얘, 마나쓰" 하며 목소리에 더 힘을 주는 가오리. 그렇지만 마나쓰는 "다행이야, 범인인 줄 알고 체포하지 않아서."라며 여전히 태연하게 말했다.

"하긴, 그때 그런 소리를 좀 들었지. 회사 동료들이나 주변 사람들에게."

"어머, 정말?"

"너 그만해. 아침부터 버르장머리 없이."

그렇지만 잔소리로 여겨 귀담아듣지 않는 마나쓰는 바로 "앗" 하며 눈을 크게 뜨더니 이내 "쉿!"하고 검지를 입술에 대고 다시 텔레비전 화면을 턱으로 가리켰다.

"그러면 이어서 오늘의 운세 코너입니다."

조금 전까지 끔찍한 과거 사건을 전달한 사람으로는 보이지 않는 웃는 얼굴로 여자 아나운서가 이렇게 말했다.

"어, AB형 사자자리는 운세가 최고야. 이거 재수 좋네."

화면에 나오는 운세 순위표. 아, 이걸 보려고 했던 건가?

"B형 쌍둥이자리는 8위인데 주변 인간관계에 약간 변화가 있을지도 모른대. 아, A형 쌍둥이자리는 최악이니 '요주의'!"

빠른 말투로 이렇게 말하며 마나쓰는 의미심장하게 웃었다. 물론 아내와 내 이야기를 하는 것이리라. 가오리는 B형이고 나는 A형. 그리고 우리 두 사람 다 쌍둥이자리다.

"아빠, 조심하셔. 범인으로 오해받아 체포되지 않게."

"쓸데없는 소리 말고 얼른 가."

그러다 지각한다, 하며 노려보는 가오리는 마나쓰가 들고 있던 리모컨을 빼앗아 바로 텔레비전을 꺼버렸다.

나는 쓴웃음을 지으며 다시 조간신문으로 시선을 떨어뜨렸다.

물론 나는 점 따위 눈곱만큼도 믿지 않는다. 그건 아내도 옛날부터 마찬가지다. 비과학적이고 너무도 어처구니없는 미신이기 때문이다. 둘 다 이과 출신이라는 점도 조금은 관계가 있을지 모르겠다. 그러나 누구를 닮아서 그런지, 숫자에 약한 마나쓰는 진짜 문과 체질이라 이런 점술 종류를 무척 좋아한다…. 그런데 그런 차이를 '문과, 이과'라는 묶음으로 정리해버리면 이 또한 어떤 의미에서는 '비과학적'이겠다. 간단하게 말하면 원래 그렇게 타고났다는 이야기밖에 되지 않는다.

마나쓰가 자리에서 일어선 것은 그로부터 5분쯤 지나서였던가?

"그럼 다녀올게요" 하며 늘 가지고 다니는 스포츠백과 라켓 케이스를 등에 지더니 쿵쾅거리며 복도를 달려갔다.

"오늘 늦게 돌아오니?" 가오리가 그 뒷모습을 보며 물었다.

"응, 회원들과 식사하게 되면 늦을지도 몰라."

"늦으면 전화해."

"알았어."

"다치지 않게 조심하고."

"됐어, 괜한 걱정하지 마."

그런 두 사람의 대화를 듣다 보니 문득 옛 기억이 떠올랐다.

1년 전, 동아리 활동으로 연습하던 중에 앞무릎 십자인대를 다친 마나쓰는 태어나서 처음으로 외과 수술실에 들어갔다. 꽤 큰 수술이 될 걸로 예상되었는데 수술 전이나 수술한 뒤나 마나쓰는 여전히 태연했다. 오히려 내내 가슴을 쓸어내리던 쪽은 아내와 나였다.

"됐어, 괜한 걱정하지 마."

그때도 마나쓰는 이렇게 말하며 웃었지…. 나는 읽던 신문을 접어 테이블에 내려놓고 이렇게 기억을 더듬으며 새삼 이런 생각을 했다.

평화롭구나, 하고.

그래서 더욱 상상도 하지 못했다.

몇 시간 뒤에 이때 느낀 평온함을 순식간에 날려버릴 만한, 그런 '비상사태'를 맞이하게 될 줄은.

엄마한테 이야기 들었습니다.

거실 소파에서 가물가물 선잠에 빠져들던 그때, 불쑥 도착한 한 통의 휴대전화 메시지.

갑자기 연락해서 놀라셨을 겁니다.

쿵쿵쿵 심장이 뛰었다.

온몸의 땀구멍에서 식은땀이 솟았다.

물론 언제 연락이 오더라도 이상한 일이 아니다. 하지만 언제 연락이 오더라도 나는 평정을 유지할 것이라고, 근거도 없이 이렇게 믿었다.

실제로 메시지를 눈으로 직접 보기까지는.

번거롭겠지만 조만간 한번 만나 뵐 수 없을까요?

평온하고 여느 때와 다를 바 없던 일상에 던져진 돌멩이 하나. 그 충격 때문에 얼어붙었던 시간의 바늘이 바로 움직이기 시작했다. 째깍째깍 규칙적으로 1분 1초를 가리키는 게 아니라 15년이라는 엄청나게 긴 세월을 단숨에 달려가듯이.

―아, A형 쌍둥이자리는 최악이니 '요주의'!

그럼 신경을 좀 써야 하려나…. 그 말을 들었을 때 이렇게 생각했다. 부끄럽지만 부정할 수 없다.

될 수 있으면 부인께는 알리지 말고 혼자 와주시면 좋겠습니다.

그건 예전에 내가 정자를 제공한 여성이 낳은 어엿한

'내 자식'에게서 온 연락이었다.

*

내가 정자를 제공하기 시작한 건 우리 부부가 내내 '불임'으로 고민했기 때문이다.

아내인 가오리는 대학 연구실 동기였다. 대학 4학년 여름부터 사귀기 시작했다. 프러포즈는 내가 사회에 나온 지 1년째, 대학원을 마쳤으니 스물다섯 살 되던 해였다.

서로 일이 바쁘기도 해서 자연스레 '당분간은 부부 둘이서만'이라고 하는 게 '암묵적인 약속'이었다. 그런데 결혼한 지 3년이 지난 어느 날을 경계로 갑자기 방향이 바뀌기 시작했다.

"유리(由里)와 사토미(聡美), 둘 다 애를 가졌대."

"믿을 수 없네. 그 애들이 애 엄마가 된다니."

두 사람은 모두 아내와 고등학교 동창인데 가장 친했다고 한다.

"엄마가 된다는 건 어떤 느낌일까?"

"도무지 상상이 가지 않지만, 그래도 자기 자식이면 틀림없이 예쁠 거야."

전에도 여러 차례 직장 동료와 후배가 임신했다는 이야기를 들은 적은 있지만, 이때의 말투는 그 이전과 확실히 톤이 달랐다. 땅에 발을 디딘 듯한, 구체적인 '감촉'을 동반한 느낌이라고나 해야 할까.

"불안하기도 하겠지만 그보다 훨씬 기대가 되겠지."

"시부모님도 첫 손주를 바라실 테고."

내가 외아들이라는 점, 아내도 이제 슬슬 20대 막바지에 이르렀다는 점, 그리고 무엇보다 청춘시대를 함께 지내온 친구들이 다 엄마가 되려고 한다는 점. 이런 여러 사정을 종합한 결과 가오리는 자신도 '아기'를 갖고 싶은 마음이 커져 욕심을 내게 되었다.

"자기, 어떻게 생각해?"

물론 나도 마찬가지 심정이었기 때문에 바로 두 팔 들어 찬성했다.

"이름도 미리 몇 가지 생각해둬야겠네."

"애는 둘을 갖는 게 제일 좋을까?"

이렇게 그리 머지않은 미래를 머릿속에 떠올리는 가오리였다. 하지만 아무리 기다려도 우리 부부에게는 아기가 생기지 않았다.

아내의 표정에 얼핏얼핏 '그늘'이 드리우기 시작한 것은 그런 이야기가 나온 지 1년 반이 지났을 무렵이었던가?

"이렇게 안 생기다니, 아무래도 이상하네."

"시부모님이 나를 탐탁지 않게 여기실지도 모르겠네. 자랑스러운 외아들의 유전자를 후세에 남길 수 없으니까."

그렇다고는 해도 이런 일은 타이밍 문제라서 초조해할 필요가 없다, 이런 식으로 아무리 달래도 날이 갈수록 아내는 야위었고 그 얼굴에서는 표정이 사라졌다.

거기에 박차를 가하는 사건이 일어났다. 설날에 내 본가로 귀성했을 때였다. 돌아올 때 배웅하러 나와준 어머니는 얼굴 가득 웃음을 머금으며 아내에게 이렇게 말했다.

"이제 슬슬 손주 얼굴을 볼 수 있으려나. 목 빼고 기다린단다."

물론 이죽거리거나 나무랄 생각은 아니었으리라. 그냥 단순하게 바라는 바를 그대로 입에 올렸을 뿐이다. 하지만 이 '조심성 없는 한마디'를 들은 뒤로 아내는 "시댁에는 이제 가지 않겠어"라며 풀이 죽었고, 표정도 어두워졌다. 뭔가 골똘히 생각하는 얼굴로 컴퓨터 화면과 눈싸움을 벌이는 시간이 늘어갔다. 무얼 알아보는지 대략 예상은 했다. 그렇지만 이럴 때 무슨 말을 건네야 '정답'인지 몰라 나는 그저 보고도 못 본 척하면서 계속 아무렇지도 않은 척할 수밖에 없었다.

그래서 아내가 이렇게 말했던 날을 또렷하게 기억한다.

"이거 알아? 나 같은 사람을 옛날엔 '석녀(石女)'라고 불렀대."

결국 그녀는 '내게 뭔가 원인이 있는 게 아닐까?' 하는 생각까지 하며 자신을 막다른 골목으로 몰아넣었고, 그런 근심을 말로 표현하고 말았다.

하지만 그러면서도 병원에 가 검사를 받는 것은 극구 거부했다.

"여러모로 고민스러워. 만약에 내 탓이라면 어떡하나 싶어서."

그런 심정은 나도 절실하게 이해되었다. 만약 내 탓이라면. 만약 원인이 나에게 있다는 걸 알게 된다면.

그 사실을 맞닥뜨렸을 때, 그때도 나는 여전히 지금처럼 지낼 수 있을까? 사랑하는 아내와 나 사이에는 아기를 가질 수 없다. 이건 한 남자로서, 생물인 수컷으로서 가장 중요한 '존엄'을 박탈당한 셈이 되지 않을까? 그렇다면 굳이 원인이 어디 있는지 들춰내지 말고 그대로 두자. 그래, 굳이 '판도라의 상자'를 열지 말고 그냥 내버려두는 것도 충분히 있을 수 있는 선택이 아닐까?

"꼭 애가 있어야만 행복한 건 아니지."

그래서 이렇게 말하며 임신 검사약을 손에 들고 고개를 숙인 아내의 등을 쓰다듬어줄 수밖에 없었다.

그리고 이 말이 거짓이라는 걸 자신도 알고 있었다.

"정말 그렇게 생각해?"

퉁퉁 부은 눈으로 이렇게 묻는 아내의 얼굴을 부끄럽게도 나는 끝까지 제대로 바라볼 수 없었다.

"응, 진심이야."

이렇게 말하며 눈길을 돌린 창밖의 선명한 가을 하늘. 이때 깨달았다. 내가 얼마나 한심한 인간인지.

이 순간을 아마 평생 잊을 수 없을 것이다.

그런 고난의 나날이 3년쯤 이어지다가 마침내 들어선 아기가 마나쓰였다.

병원에서 임신 사실을 알려주었을 때 아내가 보인 반응은 솔직하게 이야기하면 기억나지 않는다. 왜냐하면 나 또한 펑펑 울고 있었으니까.

아내와 나 어느 한쪽에 문제가 있던 게 아니다. 딸은 이런 사실을 자신의 탄생을 통해 더할 나위 없는 최선의 형태로 증명해주었다.

이렇게 해서 마나쓰는 우리 집의 '햇님'이 되었다.

그런 내가 정자 제공에 대해 알게 된 것은 마나쓰가 무럭무럭 자라 두 살이 되었을 때, 그 '여자 어린이 연쇄살인 사건'이 세상을 떠들썩하게 만들기 시작한 바로 그 무렵이었다.

점심시간에 회사 식당에서 동료들과 잡담하다가 그 가운데 한 명이 이렇게 말했다.

"몇 해 전부터 SNS에서 자주 일어나는 모양이야."

"'#정자제공'으로 검색해보면 정말 많이 나오니까."

스마트폰을 꺼내 동료의 말대로 검색해보니 정말 여러 건의 정자 제공자 정보가 화면에 주르륵 나타났다.

• 25세, O형, 명문 사립대 문과 계열 졸업, 대기업 근무, 다부진 체형, 쌍꺼풀.

• 28세, A형, 국립대 졸업. 의사. 스포츠 좋아함. 마른 체형. 가볍게 연락해주세요.

등등.

"틀림없이 여자를 낚으려는 놈이 올린 것도 섞여 있을 거야."

동료는 이렇게 말하며 코웃음을 쳤다. 분명히 '검은 속셈'을 가진 놈이 있을 거라고 쉽게 상상할 수 있었다.

"그렇지만 남편이 무정자증이라면 어쩔 수 없을지도 모르지."

"불임 커플 '최후의 비밀스러운 해결법'이란 느낌?"

동료는 어이없어했지만 실제로 불임 경험이 있는 내게는 결코 남의 일이 아니었다. 다행히 나는 마나쓰를 얻었지만, 만약 계속 아기가 생기지 않았다면 역시 검사해보자고 했을 테니까. 그리고 그 결과 '원인은 내게 있다'는 사실을 통고받았다면.

―꼭 애가 있어야만 행복한 건 아니지.

그 보잘것없고 초라한 거짓을 계속 지탱할 수 없어 결국 이런 수단을 선택하게 될 가능성이 제로라고 단언할 수 있을까? 그러고도 가슴을 쭉 펴고 '지금 이대로라도 행복해'라며 아내의 손을 잡아줄 수 있을까? 어쩌면 화면 너머에서 펼쳐지는 그런 일들은 우리 부부에게도 일어날 수 있었던 '또 하나의 미래'가 아니었을까?

어쨌든 이렇게 관심을 품게 된 나는 그 뒤에도 나름대로 더 알아보았다.

그리고 다음과 같은 사실을 알게 되었다.

일본에서는 제2차 세계대전이 끝난 뒤로도 몇십 년 넘게 계속해서 배우자가 아닌 사람 사이의 인공수정, 이른바

'AID'*라는 의료 행위가 이루어졌다고 한다. 동료가 말한 것처럼 주로 무정자증을 비롯한 남성 불임일 때 쓰였는데, 남편이 아닌 남성이 제공한 정액을 받아 인공수정으로라도 임신을 시도했다는 이야기다.

요즘은 AID를 시술하는 의료기관이 줄어들고 있는데, 정자 제공자에 관한 정보 공개 필요성이 높아졌기 때문이다. 제공자의 신원을 알 수 있게 되면 나중에 양육비며 부양의무 같은 문제가 일어날지도 모른다. 그래서 결과적으로 법 규제가 없는 인터넷을 경유한 정자 제공이 이루어지게 되었다고 한다.

인터넷 기사와 책으로만 읽은 내용이지만 문제는 산더미처럼 많았다.

예를 들면, 제공자의 학력이나 직업 같은 프로필은 물론이고 유전적 질환 유무 같은 정보도 기본적으로 상대가 스스로 밝힌 내용에만 의존하기 때문에 당연히 모두 거짓일 가능성을 떨칠 수 없다.

또 그와는 별도로 아이의 '출생에 관해 알 권리'라는 문

---

* 'Artificial Insemination by Donor'의 머리글자로, 비배우자간 인공수정을 말한다. 배우자 사이의 인공수정은 AIH(Artificial Insemination by Husband)라는 머리글자를 쓴다.

제도 있다. 왜냐하면 이런 정자 제공 행위는 기본적으로 익명을 전제로 하기 때문이다. 그래서 나중에 그런 사실을 알게 된 아이는 자신의 유전적 뿌리를 더듬어 올라갈 수 없게 된다. '정체성의 상실'이라고 한마디로 표현하면 간단하기는 하다. 그렇지만 당사자가 그런 사실을 알게 되었을 때, 과연 얼마나 충격이 클까? 도저히 상상할 수 없다. 말하자면 '자서전'을 쓰는데 제1장 나의 '출생과 성장'에 관한 부분이 몽땅, 펼친 페이지의 절반만 갑자기 '백지'가 되어버리는 꼴이다.

"그렇다고는 해도, 괜찮을지도 모르겠군."

여러 상황을 정리하고서 나는 이렇게 생각했다.

그렇게 해서라도 '아기를 갖고 싶다'라고 생각하는 사람들이 실제로 이 세상에 존재하고, 그들의 고통과 아픔, 공허함을 누군가 정자 제공으로 덜어줄 수 있다면 내가 그들에게 도움이 되어주는 것도 나쁘지 않겠다고.

그래서 아내에게 내 생각을 이야기해보기로 했다.

"정자 제공에 관해 들어본 적이 있어? 내가 좀 해볼까 해서."

예상대로 가오리는 "그게 무슨 소리야?" 하며 의아하다는 듯한 표정을 지었다.

"그렇더라도 함부로 제공할 생각은 없고."

정자 제공에는 몇 가지 조건을 둘 작정이었다.

먼저 남편도 정자 제공에 동의할 것. 바꿔 말하면 아내 혼자 내린 결정이 아니어야 할 것. 그리고 가능하면 직접 대화를 나누어 이 사람들이라면 괜찮겠다는 생각이 드는 상대에게만 제공할 것. 그리고 실제로 성행위를 하는 '타이밍 법'*이 아니라 '실린지 법', 즉 주사기를 사용해 정액을 주입하는 방법을 이용할 것. 왜 이 조건을 덧붙이는지는 설명할 필요도 없다. 애당초 나는 섹스를 하는 게 목적이 아니고, 정액을 제공하더라도 아내 이외의 여성과 육체관계를 갖고 싶은 마음은 전혀 없기 때문이다.

그래도 당연히 아내가 반대할 것이라 예상했다. 그게 무슨 소리야, 그럴 순 없어. 이렇게 쏘아붙일 가능성이 더 크다고 생각했다. 그런데도 아내 몰래 실행에 옮기지 않고 이렇게 모든 걸 다 털어놓은 까닭은 가장 중요한 또 다른 조건이 있기 때문이다.

그렇지만 이때까지 한 설명만 듣고도 아내는 뜻밖에 긍

---

* 의사의 지도에 따라 임신하기 쉬운 최적의 날짜와 시간에 성교할 타이밍을 정해 임신을 시도하는 불임 치료법.

판도라

정적인 반응을 보여주었다.

"응, 괜찮을지도 모르겠네. 그렇게 해서 어려움을 겪는 분들에게 도움이 될 수 있다면."

우리와는 달리 진짜 어려움을 겪는… 이라고 이어 말하지는 않았지만 아마 그런 뜻이었으리라.

"전혀 거부감이 들지 않는다면 그건 분명히 거짓말이겠지만. 그래도 '씨앗' 단계에서 양자로 내보냈다고 생각하면 그건 그것대로 괜찮을지도 모르지."

흥미로운 해석이네, 라고 생각했다. 과연 그런 식으로도 생각할 수 있는 걸까, 싶어서.

어쨌든 이쯤이면 이제 거의 다 됐다.

"그리고, 이게 가장 중요한 조건이 될 거야."

이렇게 말하고 일단 심호흡을 한 뒤, 나는 마지막 조건을 이야기했다.

"난 익명이 아니라 신분을 제대로 밝히려고 해. 앞으로 태어날 아이가 만약 자기 뿌리를 알고 싶어 할 때를 위해서."

물론 실제로 아이에게 알릴지 말지는 정자를 받은 부부의 뜻에 따른다. 그렇지만 이것만은 절대 양보할 수 없는 부분이었다. 언젠가 무슨 계기가 있어 '충격적인 사실'을 알게 될지도 모를 '내 자식'을 생각하면.

잠시 뜸을 들인 뒤 가오리는 눈이 살짝 촉촉해져서 이렇게 말했다.

"물론, 분명히 그렇게 하는 좋겠어. 오히려 나도 그 애를 만나보고 싶어질 만큼."

이렇게 해서 나는 당당하게 '아내의 허락'을 받고 정자 제공을 시작했는데….

*

그 메시지를 받은 지 일주일 뒤, 즉 지난주 토요일 점심 때가 조금 지났을 무렵.

'골프 치고 오겠다'라고 거짓말하고 집을 나온 나는 만나기로 약속한 두 정거장 떨어진 전철역 앞에 있는 어느 카페 체인점에서 또 한 명의 '내 자식'인 그녀와 마주 앉아 있었다.

"그쪽이 내…."

그녀는 말을 더 잇지 못한 채 침묵했다. 무슨 말이 이어질지는 쉽게 상상이 갔다.

아버지라고 불러도 될지 망설이기 때문이리라.

"음, 만나서 반가워. 그러니까…."

"쇼코(翔子)라고 합니다. 날아오른다는 뜻의 비상(飛翔)에서 '상(翔)'자를 따서 '쇼코(翔子)'라고 쓰죠."

"좋은 이름이네"라고 말해주면서 바로 앞에 어색하게 앉아 있는 소녀를 찬찬히 바라보았다.

뭐라 표현할 길 없는 기묘한 느낌이었다.

곱게 빗어 내린 검은 머리카락에 알맞게 그은 갈색 피부. 여름에 어울리는 넉넉한 티셔츠 차림도 더해 얼핏 보기에 건강한 느낌이었는데, 어딘가 그늘이 있는 것처럼 보이는 까닭은 처음 만난 '아버지' 앞에서 긴장한 탓일까?

그런데 그보다 더 눈길을 끄는 건 역시 그 반듯한 생김새였다. 시원스러운 눈매에 오뚝한 콧날, 얇은 입술… 역시 자기 어머니를 똑 닮았다. 단 하나 다른 점은 얼굴이 동그란 어머니와 전혀 달리 턱선이 갸름하다는 정도. 아무래도 그 부분만은 나를 닮은 모양이다. 아버지와 딸 사이라는 실감이 좀 나지 않는 거야 당연하겠지만, 거의 남의 일처럼 그런 생각을 하는 자신이 왠지 무책임하게 여겨져 좀 언짢았다.

'이 아이가 내 또 다른 딸.'

올해 열네 살이 된 중학교 2학년. 지금은 기후에서 어머니와 둘이 살고 있으며, 지역 철도와 신칸센을 갈아타며 이곳까지 혼자 왔다고 한다. 꽤 똘똘하고 실천력도 있는 셈이다.

"쉬는 날인데 나오시라고 해서 미안해요."

"아니야. 그건 괜찮아."

"그렇지만…."

꼭 알고 싶었어요.

의미심장하게 이렇게 중얼거리는 쇼코를 바라보며 나는 이런저런 옛일을 떠올렸다.

15년 전, 쇼코의 어머니와 처음 만났던 그날 일을.

그리고 그때 그녀가 보여준 '너무도 이해할 수 없는 말과 행동'들을.

*

그 여자로부터 SNS를 통해 DM이 온 건 내가 정자 제공을 결심한 지 두 달 지났을 무렵이었다. 계절은 아마 10월 중순. 그 며칠 전 '여자 어린이 연속 유괴 살인사건'이 다행히 해결되어 세상 사람들이 가슴을 쓸어내리고, 마치 기다렸다는 듯이 날이 더욱 쌀쌀해진 가을의 어느 날이었다.

프로필 보았습니다. 갑작스럽지만 내일 만날 수 있을까요?

메시지를 본 순간 진짜 갑작스럽기는 하군, 하며 나도 모르게 쓴웃음을 짓고 말았다. 그때는 동시에 여러 사람과 대화하고 있었는데 이렇게 서두르는 의뢰는 처음이었기 때문이다.

그렇지만 특별히 다른 약속이 없었기 때문에 굳이 만나지 않을 이유도 없어서 망설이지 않고 부탁을 받아들이기로 했다.

물론 괜찮습니다.

감사합니다. 그럼 아래 장소에서 만나기로 하죠….

그렇게 해서 이튿날 오후 7시 반 조금 지나서 만나기로 약속했다.

드디어 약속한 시각.

가르쳐준 비즈니스호텔 로비로 들어서자 엘리베이터 홀에 약속 상대로 보이는 여성이 눈에 들어왔다. 깊숙하게 눌러쓴 야구모자와 입을 가린 마스크, 두툼한 니트 스웨터, 그리고 딱 달라붙는 청바지. 모두 미리 알려준 옷차림 그대로였다.

"안녕하세요? 연락받은…."

천천히 다가가 애써 밝은 목소리로 말을 건넸다.

그러나.

"엇…."

나를 보자마자 무슨 영문인지 깜짝 놀라 눈이 휘둥그레지는 그녀. 그렇다고 겁먹은 눈치는 아니었다. 그보다는 오래간만에 친구와 우연히 길거리에서 마주친 듯한 느낌이었다.

"왜 그러세요?"

궁금증을 참지 못하고 묻자 그녀는 바로 "아뇨" 하며 고개를 저었다.

"미안해요. 갑자기 말을 거셔서 좀 놀랐어요."

아, 미안합니다. 나는 고개를 숙였다. 이때 한 가닥 의문이 고개를 들었다.

'혹시 아는 사람인가?'

하지만 아무리 기억을 더듬어도 이런 여성과 접점이 있었던 적은 평생 한 번도 없었을 것이다.

조금 미심쩍어하면서도 마음을 가다듬고 "오늘 혼자 나오셨나요?" 하고 물었다.

"예, 뭐…" 하며 웅얼거리는 말투는 제대로 알아듣기 힘들었지만, 그 직후 더 큰 충격을 받았다. 인사도 하는 둥 마는 둥 하며 엘리베이터 버튼을 누른 그녀는 대뜸 "방에 가서 이야기하시죠"라고 했다. 이번에는 내가 그만 "엇" 하는 소리를 내지 않을 수 없었다.

"이런 복잡한 이야기를 사람들 눈이 있는 곳에서 하기는 불편해서."

"아, 정말 그렇겠군요…."

듣고 보니 그도 그랬다. 하지만 이 여성은 좀 부주의하고 조심성이 없지 않은가? 다행히 내가 '검은 속셈'을 가진 타입이 아니기에 망정이지 여자가 처음 보는, 그것도 현재 거의 누군지 모르는 남자를 혼자서 갑자기 호텔 방으로 데리고 들어가다니….

"자, 들어오세요. 특별히 대접해드릴 건 없지만요."

안내를 받아 안으로 들어서면서 나는 하나의 가설을 세우고 있었다.

'혹시 남편에게 비밀로 한 걸까?'

비밀로 했기 때문에 아는 사람에게 들키면 안 되는 게 아닐까?

그렇다면 모자와 마스크로 애써 얼굴을 가리거나 갑자기 방으로 데리고 들어온 것도 이해된다. 그리고 만약 추측이 맞다면 내가 내건 '첫 번째 조건'을 만족시키지 못하기 때문에 이번에는 거절할 수밖에 없는데.

"서둘러서 미안합니다만 오늘 이 자리에서 정자를 받을 생각은 없습니다."

모자와 마스크를 벗으며 그렇게 말하고 그녀는 싱글베드에 걸터앉았다. "편한 곳에 앉으시죠"라고 권해서 나는 안쪽 의자에 걸터앉았다.

"아무래도 제대로 이야기를 나누어본 뒤에 '이 사람이라면 괜찮겠다'라는 생각이 들 때 진행하고 싶어서요."

이야기에 귀 기울이면서도 이때 내 시선은 갑자기 드러난 그녀의 얼굴로 끌려 들어갔다. 방금 내려 쌓인 눈처럼 새하얀 피부에 오뚝한 콧날. 거의 화장기가 없는데도 숨기지 못하는 화사한 아우라가 여기저기 배어 있었다. 짙은 갈색 눈동자를 보면 어디 다른 나라 사람의 피라도 섞인 걸까? 어쨌든 거리를 걸으면 사람들이 다들 뒤돌아볼 만한 대단한 미인이 틀림없다.

하지만 여자의 표정은 피로에 잔뜩 찌들어 보였다. 움푹 팬 어두운 눈언저리에 핼쑥한 뺨. 왠지 혈색이 좋지 않아 보인다. '얼굴 흰 미인'이라기보다 '창백한 얼굴'이라고 해야 하리라.

"아, 미안해요. 아마 얼굴이 엉망일 거예요."

그 말을 듣고 나서야 현실로 돌아왔다.

"아침부터 이 일로 여러 사람을 만났는데, 그 피로 때문인지도 모르겠네요."

'그렇게 된 건가?'

그런 거라면 이해가 간다. 아니, 오히려 자식에게 피를 나누어줄 상대를 고르는 일이니 당연히 진지해야 한다.

"남편분께서는 이번 일을 알고 계십니까?"

가장 먼저 이렇게 물은 까닭은 애당초 이 조건을 충족시키지 못하면 대화를 더는 나눌 수 없기 때문이다. 물론 거짓말을 할 가능성도 다분하지만, 그래서 더욱 선수를 치는 것이다. 상대가 머리를 굴릴 틈을 주지 않기 위해서.

선제공격을 받더니 그녀는 씁쓸하게 웃으며 "그 조건 말인데요" 하며 이렇게 말을 이었다.

"사실은 제가 꽤 오래전에 이혼했어요."

"아, 그러세요? 이거 실례했습니다."

조금 전 말투가 또렷하지 않던 건 그런 이유 때문이었나?

"그래서, 그때 깨달았죠. 나는 아마 결혼이 맞지 않는 모양이구나, 하고."

그래서 이른바 '자발적 싱글 맘'이라는 길을 선택했다고 한다. 남성과 혼인 관계를 맺을 마음은 없지만 그래도 내 자식은 낳고 싶다. 그래서 자기 나이를 생각해 될 수 있으면 가까운 시일 안에 아기를 낳고 싶다…라는 이야기인 모양이다.

듣고 보니 맞는 말이었다. 정자 제공이 반드시 불임으로 고민하는 남녀만을 위한 것은 아니다. 이 여성 같은 경우가 아니더라도 해외에는 레즈비언 커플이 이용한 사례도 있다고 들었다.

말은 그렇지만.

'과연 믿어도 되는 걸까?'

조금 전 반응만 보면 특별히 낭패한 기색이나 말이 궁해지거나 하는 느낌은 들지 않았지만, 그 정도는 미리 준비했을 수도 있을 것이다.

이렇게 미심쩍어하고 있는데 그녀가 "그런데" 하며 입을 열었다.

"성함이? 제가 어떻게 부르면 될까요? 아, 물론 성과 이름을 다 알 필요는 없어요. 이름만이라도…."

이름만이라도, 라고 한 까닭은 내 신분을 꼬치꼬치 캔다는 오해를 사지 않기 위한 배려일 것이다. 일반적으로 정자 제공은 익명이 대전제다. 그렇다면 분명히 이런 질문은 상대에게 경계심을 불러일으키게 할지도 모른다. 물론 나는 나중에 내 신분을 공개할 작정이지만 그녀는 아직 내 생각을 모르기에 어떤 의미에서는 당연한 배려라고 할 수 있다.

게다가 나 또한 다른 정자 제공자들과 마찬가지로 SNS에는 개인정보를 전혀 올리지 않는다. 그래서 그녀가 미리 파악할 수 있는 내 정보는 나이, 직업, 최종 학력, 혈액형, 성격, 그리고 체형뿐이다. 그러니 대화를 원활하게 진행하기 위해 이름만이라도 가르쳐달라고 했으리라.

달리 숨길 이유도 없어서 나는 "쓰바사(翼)입니다"라고 솔직하게 대답했다.

"쓰바사 씨? 멋진 이름이군요. 저는 요시코(美子)라고 합니다."

아름다운 아이라는 뜻이죠. 멋쩍은 듯 중얼거린 그녀의 얼굴을 새삼 정면으로 바라보았다. 이름에 부끄럽지 않다는 말은 이런 경우를 두고 하는 소리일 것이다. 하지만 낯빛은 아무리 보더라도 정자 제공이 이러니저러니 할 상황이 아닐 것 같다는 생각을 떨칠 수 없었다.

"저, 피곤하시면 다음에 다시 나오겠습니다."

그래서 이렇게 배려해주지 않을 수 없었다.

"아뇨, 그럴 수 없습니다. 제가…."

이어서 그녀의 입에서 나온 말을 듣고 나는 깜짝 놀랄 수밖에 없었다.

무슨 일이 있어도 내일까지는 상대를 정해야만 하니까요. 담담한 말투로 이렇게 말했기 때문이다.

'뭐라고?'

솔직히 무슨 소리인지 도무지 이해할 수 없었다.

돌이켜보면 첫 번째 DM은 '내일 만날 수 있을까요?' 하는 급한 내용이었고, 그런 의미에서는 일관성이 있는 셈이다. 그렇다고 해도 왜 이렇게까지 서둘러야 하는 걸까?

"그러니 꼭 말씀해주세요."

말투는 여전히 차분했지만 그래서 더욱 다그치는 느낌이 들었다.

"쓰바사 씨의 '사람됨'에 관해서. 어린 시절을 어떻게 보냈고, 지금 어떤 일을 하시는지. 그리고 왜 정자를 제공하려고 하는지. 물론 신분이 드러날 수 있는 부분은 얼버무려도 괜찮아요. 다만 꼭 알고 싶어요. 쓰바사 씨라는 사람을 가능한 한 자세하게."

"예…."

아직 이해되지 않는 부분이 많다.

아니, 많은 정도가 아니라 **너무나도 많다.**

"시간이 허락하는 한 자세하게. 저는 몇 시간이라도 들을 수 있어요."

그러나 이때 나는 그 말투와 똑바로 나를 바라보는 진지한 시선에서 흔들림 없는 '강한 의지'를 느끼기도 했다.

'이 사람은 진심이다.'

무슨 피치 못할 사정이 있는지 몰라도, 그녀는 진심으로 나라는 사람에 대해 알아내 자기 자식의 '아버지'로 적합한 인물인지 아닌지 판단하려 하고 있다. 그렇다면 이상하리만치 지쳐 보이는 모습은 오히려 신뢰할 가치가 있겠다는 생각도 들었다. 수많은 정자 제공 후보자들을 진지하게 만나왔음을 드러내는 여실한 증거이기 때문이다.

'믿어도 괜찮을 것 같다.'

이런 생각이 들어 가능한 한 자세하게 이야기를 들려주기로 했다. 어디서 태어났는지, 가족은 어떻게 되는지, 어린 시절부터 지금에 이르기까지의 반평생, 그리고 정자를 제공하기에 이른 내 사정을.

"…이렇게 해서 대학에 들어갔고 거기서 아내를 만났습니다."

내가 사회에 나오게 되었을 때 결혼했지만 그 뒤로 아기가 잘 생기지 않아 부부가 함께 무척 힘든 시기를 보냈다는 사실도.

"솔직히 불안해서 견딜 수 없었습니다. 원인이 나에게

있는 건 아닐까 하는 의문이 늘 머릿속에서 떠나지 않아, 하루하루가 사람 사는 것 같지 않았죠."

그게 원체험이 되어 지금은 '아내의 허락' 아래 정자를 제공하고 있다. 여기까지 단숨에, 그리고 될 수 있으면 친절하고 공손하게 설명했다.

갑작스럽게 써내려간 '자서전'을 다 들은 그녀는 만족스러운 듯이 "감사합니다"라고 고개를 숙인 다음, 생각지도 못한 질문을 던졌다.

"그런데 왜 이름을 '쓰바사'라고 지은 거죠?"

"아버지 취미가 새 관찰이었죠. 그래서 '쓰바사', 즉 그 날개(翼)로 드넓은 하늘로 날아오르라는 바람을 담았다고 합니다."

결과적으로 지극히 평범한 직장인이 되고 말았습니다만, 하고 자조 섞인 웃음을 지어 보이며 이야기를 마무리했다. 자식 이름을 너무 단순하게 붙이는 건 어쩌면 아버지를 닮아서일지도 모른다는 생각이 들었다.

"정말 멋져요."

이렇게 말하며 미소 짓더니 아득한 데를 바라보듯 눈을 가늘게 뜬 채 그녀는 말을 이었다.

"긴 이야기를 들은 뒤에 이런 말씀을 드리기 죄송하지만 실은 처음 뵌 순간에 이미 결정한 상태였어요."

"결정하다뇨?"

"정자는 이분한테 받자, 라고."

"예?"

"그런데 이렇게 말씀을 듣고 보니 더 확신이 드네요. 쓰바사 씨가 바로 내가 찾던 분이라고."

'무슨 소리를 하는 거지?'

"아까 드린 말씀은 취소하겠습니다. **오늘 이 자리에서 부탁드릴 수 있을까요?**"

너무 갑작스러운 전개라 뭐가 뭔지 도무지 알 수 없었다. 하지만 얼떨떨해하는 나는 아랑곳하지 않고 요시코는 침대에서 일어나 구석 쪽에 놓아두었던 짐 가방에서 주사기 키트를 꺼냈다.

"너무 갑작스러운가요?"

"아뇨, 전 괜찮습니다만."

대관절 뭐가 어떻게 돌아가는 건가.

"많이 당황하셨죠?"

"예, 솔직히."

"당연하겠죠. 제가 이런저런 이상한 소리를 하고 있다는 건 알아요."

그렇지만 그녀는 나를 똑바로 바라보았다.

"맹세코 폐를 끼칠 짓은 하지 않겠습니다. 나중에 친자식으로 인정하라거나 양육비를 달라거나 하는. 효력이 있을지 모르겠지만 필요하다면 계약서를 작성해도 좋습니다."

"아뇨, 그럴 것까지야."

그럴 필요 없다고 생각한 까닭은 그런 말을 하는 그녀의 눈동자 안에서, 그녀가 하는 말 여기저기서 심상치 않은 '각오'가 얼핏얼핏 보이는 듯했기 때문이다. 무엇이 이 여자를 이토록 몰아세우는 걸까. 그 배후에 깃든 사정에 전혀 관심이 없다면 그건 거짓말이다.

그렇지만 도망쳐서는 안 된다. 외면해서는 안 된다.

─꼭 자식이 있어야만 행복한 건 아니지.

─정말 그렇게 생각해?

어느 날, 제대로 마주 볼 수 없었던 아내의 시선. 이번에도 나는 저 시선을 외면할 것인가?

"제발 절 도와주세요."

애원하는 듯한 눈빛을, 정면으로 바라보면서….

그녀를 만난 것은 이때가 처음이자 마지막이었다.

그리고 내가 정자를 제공한 것도 이때가 처음이자 마지

막이다. 그 뒤로 부부 몇 쌍을 만나보았지만 요시코처럼 '이 사람이라면' 하는 생각이 드는 상대는 보지 못했고, 직장 일도 바빠져 자연스레 흐지부지되고 말았기 때문이다.

이상한 점은 그토록 '결의'에 찼던 요시코가 그 뒤로 전혀 '제공을 더 부탁합니다'라는 이야기가 없었다는 사실이다. 첫 번째에 성공한다는 보장이 없어서 임신 사실을 알게 되기까지는 정기적, 지속적으로 정자를 제공하는 게 일반적이다.

그런 궁금증 때문에 애태우는데, 그날로부터 두 달이 흘렀을 때 요시코가 불쑥 DM으로 임신 사실을 알려왔다.

감사합니다. 이 은혜는 평생 잊지 않겠습니다.

석연치 않은 부분은 많지만 일단 잘되었다고 해야겠지…. 이렇게 애써 자신을 이해시키면서 답장을 보냈다.

만약 훗날 아이가 자기 아버지를 알고 싶어 하면 아래 적은 이메일 주소로 연락주세요.

그건 내가 따로 쓰는 이메일 주소였다.

제 아내도 만나보고 싶어 합니다. 불편한 일 없을 겁니다. 약속드립니다.

끄트머리에 이렇게 적고 보내기 버튼을 눌렀다.

그러나 끝내 아무런 답장도 오지 않았다.

*

그렇게 모습을 감춘 여성이 낳은 '내 자식'이 바로 앞에 앉아 있다.

그날로부터 15년이라는 세월이 흐른 뒤에.

"엄마는 늘 이렇게 말하며 절 키웠죠. '네 아버지에 관해서는 네가 크면 다 이야기해줄게'라고요."

테이블 위의 한 점에 시선을 고정한 채로 더듬더듬 입을 연 쇼코의 말투는 열네 살로는 도저히 믿어지지 않을 만큼 차분했다.

"초등학교 다닐 때는 그런가 보다, 하고 넘어갔죠."

그러더니 쇼코는 잠깐 입을 다물었다가 바로 단호한 표정으로 고개를 들었다.

"며칠 전 학교 수업 시간에 호적제도 이야기가 나왔을 때 문득 깨달았죠. 호적을 보면 이유를 알 수 있겠다고. 이혼한 건지, 아니면 돌아가셨는지."

맞다. 호적을 분리하거나 적을 옮기는 절차를 밟지 않았다면 호적에는 그런 사실이 기재된다.

그렇지만 호적을 들여다본들 내 이름이 거기 올라 있을 가능성은 없다. 즉 그냥 호적만 봐서는 '내가 정자를 제공해 태어났다'라는 발상은 도저히 할 수 없다. 그러면 쇼코는 어떻게 내게 연락한 걸까. 아니, 왜 연락해야 할 상황이 되었던 걸까. 이야기를 들어보면 어머니인 요시코는 '아직 딸에게 그런 사실을 알리는 것은 시기상조'로 여기는 모양인데….

의아해하는 나는 아랑곳하지 않고 쇼코는 설명을 이어갔다.

"그래서 알게 되었어요. 엄마가 옛날에 이혼했다는 걸요."

"맞아, 뭐 그때도 그렇게 이야기했지."

그게 거짓말이 아니었구나, 하는 생각이 들어 조금 맥이 빠졌을 때였다.

그런데 말이죠, 하며 쇼코는 비꼬는 듯한 웃음을 지었다.

"그보다 더 큰 문제가 있었어요."

"더 큰 문제?"

"이혼한 상대의 이름이요."

"이름?"

예, 하며 고개를 끄덕인 쇼코는 바로 이렇게 말했다.

"호조지 유스케."

"응? 뭐라고?"

반사적으로 되묻기는 했지만, 다시 확인할 필요도 없었다.

내가 아는, 아니, 일본 국민이라면 틀림없이 대부분 아는 이름 아닌가.

"그 '여자 어린이 연속 유괴 살인사건'으로 체포됐던 남자죠."

"그럴 수가⋯."

─그런데 저 사람 말이야, 범인 젊었을 때 사진, 아빠하고 좀 비슷하지 않아?

─하긴, 그때 그런 소리를 좀 들었지. 회사 동료들이나 주변 사람들에게.

그 순간, 바로 이해되었다.

그렇구나. 그래서 요시코가 내 얼굴을 보자마자 깜짝 놀라 "엇"하는 소리를 질렀구나. **눈앞에 나타난 남자가 자기 남편인 호조지를 아주 많이 닮아서.**

그뿐 아니다.

─방에서 이야기하죠

─이런 복잡한 이야기를 사람들 눈이 있는 곳에서 하기는 불편해서.

인사도 하는 둥 마는 둥, 그녀는 이렇게 말하며 나를 갑자기 호텔 방으로 데리고 갔다. 모자와 마스크로 얼굴을 집요하게 가리기도 해서 그때는 '남편 몰래 나왔나?' 하고 오

판도라

해도 했지만 사실 그녀는 남들에게 들켜서는 안 되는 상황이었다. 물론 남편을 아는 사람들 눈이 무서웠던 게 아니다. 하이에나처럼 따라붙는 매스컴에 들키지 않기 위해서였다. 그래서 집을 나와 그 호텔에 몸을 숨기고 있었던 모양이다.

아, 그때 분명히 뉴스를 통해 널리 알려지지 않았던가?

범인의 아내는 폭풍이 몰아칠 것을 미리 눈치채고 밤을 틈타 도망치듯 모습을 감추었다고.

아니, 그뿐 아니다.

―아, 미안해요. 아마 얼굴이 엉망일 거예요.

이상하리만치 지친 모습은 그 '도피' 때문이기도 했던 게 틀림없다. 뭐랄까, 그 상황에서 아무렇지 않은 얼굴이었다면 그게 오히려 더 이상하다.

나는 넋이 나가 꼼짝도 할 수 없었다. 하지만 쇼코는 이야기를 멈추지 않았다.

"그런 사실을 알게 되어 저는 엄마에게 캐물었어요."

혹시 내가 그 엽기 살인범의 딸이냐고.

"그랬더니 결국 어머니가 다 털어놓았죠. 난 정자 제공을 통해 태어난 아이지 절대 살인범의 자식이 아니라고 말이에요."

이어서 쇼코가 들려준 이야기는 대략 다음과 같은 내용이었다.

쇼코의 어머니 요시코는 당시 남편이었던 호조지 요스케와 체포되기 전날 밤에 잠자리를 함께했다고 한다.

"그리고 이튿날 그만 남편이 체포되고 말았던 거죠."

깜짝 놀란 요시코는 경찰 조사를 받은 뒤, 밀려들 매스컴을 피하려고 바로 생활 거점을 조금 떨어진 도시에 있는 비즈니스호텔로 옮기기로 했다.

"그때 퍼뜩 이런 생각이 든 거죠. 만약 이대로 아기를 갖게 된다면 그건 살인범의 아이가 되고 마는 거라고."

"설마."

"그런데 그때 이미 4일이 지난 상태였다는 거예요."

사후피임약 복용은 성공률이 무척 낮다. 그렇다고 그런 상황에서 병원으로 달려간다는 건 요시코에게는 도저히 선택할 수 없는 방법이었을 게 틀림없다. 아무래도 어디서 누가 지켜보는지 알 수 없을 테니.

"하지만 엄마는 설사 임신이 되었다고 해도 중절 수술을 받을 용기는 없었대요."

아무리 살인범의 정자가 '씨앗'이라지만 자기 몸 안에서 자라나고 있을 생명을, 적어도 절반은 자기 피를 이은 '내 자식'의 생명을 이런 상황에서 강제로 끄집어낼 수는 없고, 그러고 싶지도 않았다. 그것만은 절대로.

"그래서 극한 상황에 몰린 엄마는 결국 마지막 수단을 쓰기로 했대요."

다른 남성한테서 정자를 받아 수정란 덮어쓰기. 그렇다. **진짜 아버지를 제대로 알 수 없게 만드는** 터무니없는 행동을 하기로. 그렇다면.

―실은 처음 뵌 순간에 이미 결정한 상태였어요.

―정자는 이분한테 받자, 라고.

그때는 의미를 제대로 알 수 없었던 이런 말도 이제 고개가 끄덕여진다.

당연히 외모와 프로필이 호조지와 비슷한 사람에게 정자를 받는 게 바람직할 테니까. 왜냐하면 만약 아기가 태어나 자라났을 때 외모며 다른 모습들이 '아버지'를 닮더라도 유전자 검사만 하지 않는다면 믿고 살아갈 수 있을 거라고 생각했을 테니까.

이 아이는 살인범의 피를 잇지 않았다, 라고.

적어도 그런 가능성의 '여지'을 남길 수는 있지 않을까?

SNS에 어지러이 떠도는 정자 제공자 정보는 그녀에게 한 줄기 '희망의 빛'이었으리라. 모든 내용이 본인 신고에 의존하는 정보이기는 해도, 남편과 프로필이 최대한 비슷한 남성을 고르면 되는 일이었으니까.

그녀는 여러 후보자를 걸러 그 가운데 남편과 가장 닮은 상대를 골라낼 셈이었다. 그래서 공개된 프로필이 믿을 만한 내용인지 파악하기 위해 호텔 방에서 대상자와 진지한 대화를 반복했다. 그리고 다행인지 불행인지 내 경우에는 거기에다가 '비슷한 외모'라는 요소가 점수를 더 받았던 것이다.

아니, 그뿐만 아니다.

―무슨 일이 있어도 내일까지는 상대를 정해야만 하니까요.

그렇게까지 서두르던 이유도 쇼코의 이야기를 듣고 나니 이해가 되었다.

빨리 정자를 받지 않으면 임신 시기 '차이' 때문에 아버지가 누군지 쉽게 구분할 수 있게 될 우려가 있었기 때문이다. 그리고.

감사합니다. 이 은혜는 평생 잊지 않겠습니다.

그 뒤로 다시는 '정자를 제공해 달라'라는 요청이 들어오지 않았던 것도 당연한 이야기다.

요시코는 어떻게든 '내 자식이 살인마의 피를 이어받았

다'라는 소리를 듣지 않게 하고 싶었으리라. 그러니 임신하지 않았다면 그건 그것대로 다행인 셈이었다.

"그래서 어머니는 '넌 살인범의 딸이 아니야'라고 울면서 늘 하소연했어요."

여기까지 단숨에 이야기를 마친 쇼코는 그렇지만, 하며 고개를 숙였다.

"그렇지만 사실 아무런 증거도 없잖아요?"

하긴. 분명히 그건 그렇다.

"저는 쓰바사 씨의 딸일지도 모르고, 호조지의 딸일지도 몰라요."

안타깝지만 "얼굴만 보면 넌 내 딸이란다"라고 말할 수 없었다.

그뿐만 아니라 요즘 들어 그 사건은 재심 가능성마저 떠오르고 있다. 만약 호조지가 아버지라고 하더라도 '살인범의 자식'이라는 멍에는 피할 수 있을지도 모른다. 모든 상황이 확정되지 않은 때에 이렇게 애써 나를 만나러 온 이유는 뭘까?

머릿속에 떠오른 의문을 입에 올리자 쇼코는 얼굴을 번쩍 들었다.

"이혼도 했고 아무런 연고도 없는 지역으로 이사했으니

어머니가 호조지라는 사람의 아내였다는 걸 아는 사람은 주위에 아무도 없어요. 호조지와 관련된 이상한 소문이 날 일도 없고 평온하게 살아가고는 있는데요."

그래도 역시 확실히 해두고 싶은 거죠…. 쇼코는 이렇게 중얼거렸다.

"확실하게 해두고 싶다고?"

"제가 **도대체 누구의 딸**인지."

"그러니까, 유전자 검사를 하고 싶다는 거니?"

그래서 예를 들면 머리카락 같은 것이 필요하다는 이야기일까?

내가 그렇게 묻자 쇼코는 "아뇨"라며 고개를 저었다.

"그러려면 친권자의 동의가 필요하죠. 사실은 더 간단한 방법이 있어요."

"간단한 방법?"

"그 이야기를 하고 싶어서 부인에게는 이야기하지 말고 혼자 와달라고 한 거예요."

*

비에 젖은 앞유리창을 바라보면서 나는 결국 '판도라의

상자'를 열기로 마음을 먹었다. 그리고 조금 전 헌혈회장에서 받은 '헌혈 카드'를 꺼내 들여다보았다.

'역시.'

거기에는 '혈액형 B형'이라는 글자가 또렷하게 찍혀 있었다.

순간 지난번 쇼코가 한 말이 머릿속에 되살아났다.

―그렇지만 내가 아무리 '누가 아버지인지 모른다'라고 주장해도 어머니는 양보하지 않았어요.

―'넌 절대로 살인범의 딸이 아니야'라면서.

그 광기 어린 고집스러운 모습을 보며 쇼코는 문득 한 가지 생각이 떠올랐다고 한다.

혹시 정말로 그렇게 믿을 만한 근거가 있는 게 아닐까, 하는.

"그래서 그걸 솔직하게 물어보았던 거죠. 그랬더니 이렇게 대답해주었어요. '너는 B형이니 네 아버지가 호조지일 리 없다. 왜냐하면 그 남자는 A형이라고 했으니까'라고요. 엄마는 O형이래요. 이상하죠? 엄마는 **호조지와 마찬가지로 A형인 사람에게** 정자를 받았다고 하던데."

O형과 A형인 두 사람 사이에 태어난 아이는 절대로 B형이 될 수 없다.

"이런 사실을 알았을 때 엄마는 틀림없이 무척 놀랐을 거예요. 그야 태어날 리 없는 혈액형인 아이가 태어난 거니까요."

그럼 이걸 어떻게 생각해야 하는 걸까.

"호조지나 쓰바사 씨, 둘 중 한쪽이 혈액형을 잘못 알고 있는 거겠죠. 이게 바로 제가 쓰바사 씨를 만나러 온 이유예요."

물론, 이치상으로는 이걸 가지고 따져도 '아버지'가 확정되는 건 아니다.

만약 내가 B형이라고 하더라도 호조지 또한 B형일 가능성이 있기 때문이다.

"그렇지만 그건 상관없어요. 아버지 후보인 두 분의 혈액형이 양쪽 다 틀리는 일은 역시 있을 수 없을 것 같으니까요. 그래서 만약 쓰바사 씨가 B형이라면 저는 쓰바사 씨를 '아버지'로 믿고 살아갈 거예요. 엄마가 내내 믿어온 것처럼."

그래서 쇼코도 또한 '판도라의 상자'를 아주 잠깐 열어 그 안을 들여다보기로 했다. 진짜 '아버지'는 나일지도 모르고 호조지일지도 모른다. 설사 호조지가 아버지라고 해도 이젠 범인일지도 모르고 누명을 쓴 건지도 모르는 상태다. 알 수가 없다. 아무것도 확정될 리 없다. 그렇지만 내가 B형이라면 다른 모든 가능성을 판도라 상자 밑바닥에 집어넣고 나를 '아버지'로 믿고 살아가겠다. 이렇게 마음을 굳힌 것이다.

스마트폰을 꺼내 그 이메일 주소로 메시지를 보냈다.

쇼코는 내 딸이야.

결과적으로 상자 안에서 나온 것은 쇼코에게 '희망'이었다.

그러니 그렇게 믿어도 괜찮다. 그 사건이 앞으로 어떻게 전개되건 넌 틀림없는 내 딸이다. 네가 그리 믿는다면 나도 믿겠다. 그리고 네 친아버지로서 앞으로 내내 너를 그리워하며 살아갈 거다.

그리고.

그렇다면 대체 마나쓰는 누구 딸인 걸까.

—어, AB형 사자자리는 운세가 최고야. 이거 재수 좋네.

아내인 가오리는 B형이고 **나 또한 B형이다.** 즉 부모 모두 'A형 인자'를 갖고 있지 않다는 이야기다. 그런데 마나쓰는 AB형이 분명하다. 무릎 십자인대를 다쳤을 때 수술하기 전에 혈액검사를 했기 때문이다.

다만 이것도 아직 논의의 여지는 있다. 사실 아내가 A형일 가능성도 남아 있기 때문이다. 나의 눈으로 직접 정식

검사 결과를 보거나 들은 적은 단 한 번도 없고, 어디까지나 가오리의 말을 의심하지 않고 받아들여 왔을 뿐이다.

쇼코가 말한 대로 두 사람 모두 혈액형을 잘못 알고 있을 리는 없다고 생각한다. 그렇지만 혈액형 검사를 태어난 직후에 했을 때는 실제와 다른 혈액형으로 결과를 받게 되는 일이 있다고 한다. 요즘에야 출산 직후에 아기의 혈액형을 조사하는 일은 거의 없어졌지만, 우리가 태어나던 당시에는 아직 많은 병원에서 아기의 혈액형을 검사하는 일이 서비스 가운데 하나로 이루어지고 있었다. 실제로 나 자신도 이렇게 혈액형을 잘못 알고 살아오지 않았는가. 그건 그렇지만.

걱정 많고 고지식한 부모와 달리 어딘가 대범하고 좀 허술한 면도 있는 분위기 메이커인 마나쓰. 학창시절의 나와는 정반대로 늘 친구들 중심에 있고, 배트민턴부 부회장과 학급 부반장을 맡는 등 학교에서도 돋보이는 존재인 마나쓰. 부모 모두 이과 계열인데 왠지 숫자에 아주 약하고 점술 종류를 아주 좋아하는 문과 체질인 마나쓰. 그리고, 그리고….

그렇다. **생각하면 할수록 다르다.** 다른 면이 계속해서 나타난다.

그런 사실을 받아들이면서도 '그래선가?' 하고 냉정하게 혼잣말하는 나도 있다. 이런 상황에 빠져버릴 우려가 있어서, 그래서 쇼코는 "부인에게는 이야기하지 말고 혼자 와달라"라고 사전에 못을 박아둔 것이리라. 어느 쪽을 닮았는지 몰라도 머리가 좋은 아이다.

그리고.

―응, 괜찮을지도 모르겠네.

―그렇게 해서 어려움을 겪는 분에게 도움이 될 수 있다면.

그날, 이렇게 말하며 아내는 선선히 정자 제공을 허락했다. 혹시 **아내는 이미 알고 있었던 걸까?**

이런 '샛길'이 이 세상에 존재한다는 사실을.

―여러모로 고민스러워. 만약에 내 탓이라면 어떡하나 싶어서.

다른 부부들처럼 나도 아기를 갖고 싶다. 하지만 진실을 마주하기는 두렵다. 그래서 검사 따위는 받고 싶지 않다. 다만 이런 상황이 바뀌지 않는다면 언젠가는 제대로 진찰을 받아야 할지 모른다. 그래서 그 결과 만약 어느 한쪽에 원인이 있다는 사실을 알게 된다면….

그러면 대체 어쩌지?

부부가 손을 맞잡고 일치단결해 불임 치료에 힘쓴다?
아기가 꼭 필요한 건 아니라고 애써 자신을 이해시킨다?
부부 관계를 청산하고 각자 새로운 인생을 걷기로 한다?
다 가능성이 있는 길이다. 어느 길이 잘못되었다는 것도 아니다.

그래도 방법은 있다. 이런 것들을 모두 회피할 수 있는 방법이. '판도라의 상자'를 열지 않고 넘어갈 수 있다. 정자를 받아 아무 일도 없었다는 듯 아이를 가진다면.

―전혀 거부감이 들지 않는다면 그건 분명히 거짓말이겠지만. 그래도 '씨앗' 단계에서 양자로 내보냈다고 생각하면 그건 그것대로 괜찮을지도 모르지.

그런 방법을 알고 있었고, 실제로 자기도 이용했기 때문에 내가 정자를 제공하겠다는 이야기를 선선히 받아들인 걸까? 어느 한쪽에 원인이 있는 것이 아니라 그저 두 사람의 궁합이 맞지 않았을 뿐이라면, 그걸 인정하지 않으면 **내 유전자는 후세에 남지 않게 될 테니까.**

―시부모님이 나를 탐탁지 않게 여기실지도 모르겠네. 자랑스러운 외아들의 유전자를 후세에 남길 수 없으니까.

그 무렵 아내는 그토록 궁지에 몰려 있었던 걸까?

―물론, 분명히 그렇게 하는 게 낫겠어. 오히려 나도 그

애를 만나보고 싶어질 만큼.

그때 촉촉해진 눈가를 이런 식으로 받아들이는 건 역시 지나친 생각일까?

아무리 머리를 굴려도 진상은 알 수 없다.

이해가 안 되고, 애당초 이게 내가 알아야 할 일인지 어떤지도 모르겠다.

"그런데, 모르시겠어요?"

다시 귓가에 울리는 쇼코의 그날 목소리.

"제 이름은 엄마와 쓰바사 씨의 이름에서 가져왔어요."

요시코(美子)의 '아름다울 미(美)'는 부수가 양(羊)이다. 쓰바사(翼)라고 읽는 '날개 익(翼)'의 부수는 깃털 우(羽).

"합치면 날아오른다는 뜻을 지닌 '상(翔)'이 되죠."

쇼코(翔子). 요시코(美子)와 쓰바사(翼)의 딸.

'그 아름다운 날개로 이 세상을 훨훨 날아달라는 바람을 담고 있는 걸까?'

터무니없는 기적 덕분에 이 세상에 생명을 받아 태어난 두 명의 '내 딸'은 바야흐로 날갯짓하려 한다. 그 등에 돋아난, 부모한테 물려받은 우아하고 튼튼하며, 그리고 아름다운 '한 쌍의 날개'로.

그렇다면 대체 어떻게 해야 하나. 아내에게 캐묻는다?

캐물어 마나쓰에게 진실을 알린다?

그런 짓은 할 수가 없다.

마나쓰의 '자서전' 제1장—나의 '출생과 성장' 페이지를 내 손으로 찢어버리다니. 그 아이의 등에 난 아름다운 날개의 한쪽을 내 손으로 뜯어낸다니.

그 아이의 아버지로서 그런 짓은 절대로.

—B형 쌍둥이자리는 8위인데 주변 인간관계에 약간 변화가 있을지도 모르겠네.

-아, A형 쌍둥이자리는 최악이니 '요주의'!

그것 봐. 역시 점 같은 건 순 엉터리다. 참으로 '비과학적'이고 하찮은 미신 아닌가. 왜냐하면 그날을 이후로도 바뀐 주변 인간관계가 **전혀 없으니까**.

전에 내가 정자를 제공한 여성은 당연히 '내 자식'을 낳았고, 그걸 알게 된 나는 앞으로도 여전히 '가오리의 남편'이며 '마나쓰의 아버지'일뿐.

"그냥 그뿐인 이야기니까."

이렇게 중얼거리는데 눈에 익은 모습이 역 앞에 나타났다.

비에 젖은 앞유리창 너머로도 그게 누군지 바로 알아차렸다.

짙은 갈색 머리카락에 하늘색 스카프가 눈부신 세일러

복, 검정 바탕에 흰 로고가 찍힌 스포츠백과 라켓 케이스. 빵, 하고 클랙슨을 한 차례 울리자 비를 가리기 위해 머리에 수건을 얹은 티 없이 맑은 소녀가 쪼르르 달려온다.

  그 발걸음이 아주 가벼웠다. 마치 등에 달린 한 쌍의 날개를 활짝 펼치고 막 드넓은 하늘로 날아오르려는 듯이.

삼각간계
三角奸計

* 1. 원제목인 '삼각간계(三角奸計)'의 간사한 꾀를 뜻하는 '간계(奸計)'와 삼각관계(三角關係)의 관계(關係)는 일본어로 읽을 때 둘 다 '칸케(かんけい)'로 발음한다.
  2. 본문 속 화상 채팅에서 타인의 대사는 〔 〕으로 표기했다.

아무리 생각해도 상황은 최악이고, 엉망진창이었다.

물론 내가 어둠의 조직에게 지하 아지트로 납치되어 감금당한 것도 아니고, 한적한 주택가에서 느닷없이 총격전이 벌어진 것도 아니다.

흔히 '온라인 회식'이라고 하는 모임이 한창인 가운데 나는 편한 운동복 차림으로 앉은뱅이 테이블 앞에 책상다리를 하고 앉아 있었다. 이어폰을 두 귀에 꽂고 가끔 캔맥주와 안주로 손을 뻗으면서. 옆에서 보면 '지극히 평범하다'라고밖에 표현할 길 없는, 재미라고는 눈곱만큼도 없는 여름밤의 한 장면이라고나 할까.

당장 저 새끼를 죽이러 갈 거야.

그래서, 지금 화면에 뜬 이 글자들이 뜬금없어 보이는 것이다.

우우웅, 하고 마지못해 다시 바람을 내보내기 시작한 낡은 에어컨. 그 소리를 신호 삼아 커튼레일에 매달아놓은 풍경이 딸랑딸랑 소리를 내며 흔들리기 시작했다. 그렇지만 그 시원한 음색과는 달리 키보드에 얹은 내 두 손바닥에는 땀이 축축하게 배었다.

'뭐라고 입력해야 하지? 도대체 이걸 어떻게 상대해줘야 하나?'

원래 이 모임은 오랜만에 옛 친구들끼리 한잔하지 않겠느냐는 뻔한 핑계로 시작되었다. 직장 사정으로 간사이 지방에 가 있는 두 명과 달리 나는 도쿄에 떨어져 있었다. 그래서 얼마 전부터 널리 퍼진 원격 모임을 하게 되었고, 그냥 그뿐인 이야기였다.

말리지 마, 이미 결심했으니까.

세로로 갈라진 2분할 화면, 내가 보기에 오른쪽에 있는 친구가 모기(茂木), 왼쪽에 보이는 친구가 우지하라(宇治原)다. 둘 다 대학 시절부터 친하게 지낸 오랜 친구다. 서로 집에 찾아가 술을 마시기도 하고, 술집에서 마시기도 했다. 길거리 헌팅으로 밤을 지새우며 싸구려 술을 마구 퍼마시고는 숙취를 핑계로 필수 과목 강의까지 빼먹었다. 비생산적이고 무의미해서 지금 생각하면 온몸을 쥐어뜯고 싶을 만큼 창피하다. 하지만 절대로 퇴색되지 않는, 그런 청춘의 한 페이지를 함께 써 내려간 친구들이었다.

아냐, 아냐. 일단 좀 진정해.

한참 고민한 끝에 내 손가락이 두드린 글자는 이런 뻔한 답변이었다.

그렇지만 방법이 없지 않은가? 달리 뭐라고 하면 될까? 억지로 뜯어말리려고 해도 상대방은 서쪽 저 멀리, 여기서

5백 킬로미터 가까이 떨어진 곳에 있는데.

〔그런데 페이스북에도 올렸지만 아키쓰(秋津)가 직장을 또 옮겼대. 벌써 네 번째야.〕

모기는 불콰해진 얼굴로 계속해서 친구들에 관한 소문을 전했다. 자기 몰래 이런 이야기가 오가고 있는지도 모르고. 설마 친구 가운데 한 명이 자기에게 살의를 품고 있을 거라고는 상상도 못 한 채로.

"아, 그랬구나" 하며 영혼이 담기지 않아 웃음을 살 만한 맞장구를 치면서 다시 화면 구석에 있는 채팅창으로 눈길을 돌렸다. 상대가 문자를 입력하고 있다는 '…' 말풍선 마크가 잠깐 깜빡이더니 팡, 팡, 하며 왠지 맥 빠지는 알림 사운드가 이어폰 너머로 들려왔다.

역시 용서할 수 없어.

둘이 칼부림을 하더라도 기필코 저 새끼를 죽일 거야.

입술을 꾹 다물고 계속 무뚝뚝한 표정인 우지하라. 그 '결심'의 증거로도 보이는 무표정을 보고 있으면 분명히 농담은 아닌 것 같다는 기분도 든다. 왜? 모기에게는 너무 어엿한 전과가 있으니까.

다시 키보드를 두드려 '아무리 그래도'라고 입력했을 때였다.

팡.

'어?'

자판을 치던 손길을 일단 멈추고 채팅창을 들여다보았다.

그리고 네게만은 이걸 보내둘게.

도착한 것은 메시지가 달린 이미지 파일이었다.

네 눈으로 똑똑히 봐줘.

〔나도 독신일 때 직장을 옮겼어야 했는데, 하는 생각이 요즘 절실하게 들어. 그러니 너도 직장을 옮기려면 지금 해야 해, 기리야마(桐山).〕

네가 독신 귀족 최후의 보루니까…. 이러면서 웃음을 건네는 모기였지만 막상 나는 그 말에 신경 쓸 만한 상황이 아니었다.

'말도 안 돼.'

나는 입을 다물 수밖에 없었다. 지금 일어나고 있는 사태나 그 이미지에 담긴 경악할 만한 사실을 아무것도 이해할 수 없었기 때문에.

'이제 끝장이다.'

산산조각이 나고 말았다. 추억도, 의리도, 모두 다 박살이 나고 말았다. 한 쌍의 남녀가 사이좋게 손가락으로 V자를 그리고 있는 '사진'. 단 한 장의, 바로 그 '폭탄'에 의해.

팡, 하고 다시 들려온 그 전자음.

머릿속이 새하얘진 상태에서도 반사적으로 채팅창을 보았다.

미안, 좀 급한 일이 있어서 난 먼저 나갈게. 오늘 고마웠어.

우지하라가 올린 메시지였다. 그런데 이번에는 내게만 보낸 것이 아니라 참가자 모두에게 보냈다.

〔뭐? 이렇게 밤늦은 시간에?〕

벌써 10시 반이야, 하며 모기가 말렸지만 소용없었다. 우지하라는 바로 화상채팅에서 퇴장해, 화면에는 눈썹을 찌푸린 모기의 얼굴만 남았다.

〔뭐야 갑자기. 밤에 나갈 일이 있나?〕

그러는 동안에도 심장 고동은 점점 빨라졌다. 땀 한 방울이 내 이마에서 뺨, 턱을 지나 툭, 하고 옷에 떨어졌다.

'어떡해야 하지?'

아무리 생각해도 상황은 최악이고, 엉망진창이었다.

마지막에 우지하라가 보내온 그 '사진' 때문에 더더욱. 그렇지만.

곧 우지하라가 끔찍한 범죄를 저지를지도 모른다는 사실.

지금 이 순간 세상에서 단 한 사람, 오직 나만이 그 사실을 알고 있다.

*

　온라인 회식이 시작된 것은 지금으로부터 두 시간 전, 오후 8시 반 조금 지나서였다.
　퇴근한 후 편한 운동복으로 갈아입고 앉은뱅이 테이블 앞에 앉아 노트북 컴퓨터를 켠 다음, 모기가 알려준 인터넷 주소로 온라인 모임방에 들어갔다.
　그러자 바로 낯익은 남자 얼굴이 화면에 크게 비쳤다.
〔야, 이거 정말 오래간만이네.〕
　구수한 바리톤 음성으로 어-이, 하며 손을 슬쩍 든 와이셔츠 차림의 모기. 아마 퇴근하자마자 바로 접속한 모양이다. 트위스트 파마를 한 윤기 흐르는 검은 머리카락에 굵고 늠름한 눈썹. 나른하고 왠지 나태해 보이는 속쌍꺼풀이 진 눈. 날카로운 매부리코. 알맞게 그은 피부는 아마 접대 골프가 준 선물일 것이다. 그야말로 '외자계 부동산 펀드 영업 사원'으로 불리기에 딱 어울리는 플레이보이였다. 맹금류를 떠올리게 만들던 학창 시절의 분위기는 어딘가에 숨기고, 오히려 성인 남성이 갖추어야 할 섹시한 분위기와 여유를 전면에 드러났다.

"와, 넓네. 엄청 좋은 집에 살잖아?"

〔오! 역시 보는 눈이 있어!〕

화이트 중심의 넓은 거실 공간이 보였다. 벽지는 무척 고급스럽고, 조명 상태로 보아 층고도 높은 듯하다. 등 뒤로 카운터형 시스템키친과 안쪽으로 뻗은 복도가 보이는 걸 보니 거실 테이블 같은 데 앉아 있는 모양이다.

"혹시 버추얼 배경 아니냐?"

〔그럴 리가.〕

등 뒤로 보이는 복도는 조금 가다가 오른쪽으로 꺾어져, 중간과 막다른 부분에 각각 문이 하나씩 있었다. 복도 벽에는 건방지게 자화상을 걸어두었다. 화면에 비친 모습이라 제대로 알 수 없지만 일단 우아한 삶을 지향하는 분위기만은 물씬 풍겨왔다. 여기에 만약 페르시아고양이나 몰티즈라도 키운다면 어엿한 '짝퉁 셀럽' 같다고나 할까? 어쨌든 지은 지 20년에 북향, 부엌에 방 하나와 거실 하나뿐인 독신자용 집과는 모든 면에서 격이 달랐다.

〔게다가 우메다 거리가 내려다보이는 파노라마 같은 전망이 아주 죽여주지.〕

그런 내 질투를 아는지 모르는지 모기는 자랑하듯 화면

오른쪽을 턱짓으로 가리켰다. 아마 베란다로 통하는 창문이 있는 모양이다.

"설마, 네가 산 집이야?"

〔에이, 그건 아니고.〕

익살부리듯 웃으며 그보다 말이야, 하고 모기는 자세를 고쳐 앉았다.

〔우리, 얼마 만이지?〕

으음, 하고 턱에 손을 대며 잠시 계산했다.

모기가 전근한 때가 사회에 나온 지 4년째 되던 여름이었을 테니까….

"5년 만인가?"

〔벌써 그렇게 되었나…?〕

이렇게 말하며 모기는 먼 데로 시선을 던졌다. 그가 연락해 온 것은 3주 전이었다.

여어, 진짜 오랜만이다.

느닷없지만 조만간 온라인으로 술 한잔하지 않을래?

이렇다 할 변화도 없고 재미도 없는, 가장 가까운 역에서 내려 집으로 가던 길. 느닷없이 채팅 기록 맨 앞으로 튀어나온 '이쓰멘'이란 단체 채팅방 이름을 보고 아파트 현관

홀에서 걸음을 멈춘 기억이 난다.

어쩐 일이야, 갑자기? 읽은 사람 2

아니, 그게 말이야.

며칠 전 퇴근길에 우메다역 앞을 걸어가던 모기는 우지하라와 우연히 딱 마주쳤다고 한다. 그야말로 우연히. 듣자 하니 우지하라도 반년 전에 전근 명령을 받아 근무지가 오사카로 바뀌었다고 한다.

게다가 말이야, 놀라지 마.

사는 아파트가 내가 있는 아파트 바로 맞은편이야!

정말이냐? ㅋ 읽은 사람 2

그건 그렇고, 전근 갔다는 이야기는 처음 들었네. 읽은 사람 2

'미안, 어쩌다 보니 이야기할 틈이 없었어' 하며 멋쩍은 듯 머리를 긁적이는 토끼 이모티콘을 보내온 것은 당사자인 우지하라였다.

그래서 오랜만에 이쓰멘끼리 한잔하자는 이야기가 나온 거지.

하긴 이쓰멘은 '이쓰모노멘쓰'*의 줄임말이 아니니까 말이야.

---

* 친해서 늘 만나 사이좋게 지내는 친구들을 뜻하는 일본어.

삼각간계

'슈이쓰(秀逸)* 맨즈(mens)'를 줄인 말이지.

그 이름을 붙인 사람은 분명히 모기였던 걸로 기억한다.

이 그룹이 생긴 건 대학 1학년 5월이었다. 일약 도쿄에 있는 모 유명 사립대학에 진학했지만, 지방 출신이라 특별히 아는 친구도 없어 별 볼 일 없이 아웃사이더가 되고 말았던 세 명이 자연스럽게 가까워진 모양새였다.

그런 연대 의식도 뒷받침되어 그 시절에는 핑계만 있으면 모여서 시끌벅적 떠들어대던 '이쓰멘'이었지만 차츰 그 간격이 사흘에 한 번, 일주일에 한 번, 한 달에 한 번으로 벌어졌다. 나중에는 다른 여러 채팅방에 밀려 아래로 가라앉게 되었다. 대학을 마치고 사회에 나와 여러 차례 봄, 여름, 가을, 겨울이 흐르는 사이에.

저마다 일이 바빠졌고, 직장에서 새로운 친구들이 생겼다. 여러 해에 걸친 '판 이동'에 의해 예전에는 하나였던 세 '신대륙'은 느리지만 착실하게 서로 간의 거리를 벌렸다. 그 결정적 계기가 된 일은 모기의 결혼과 오사카 전근이라는 지각변동이었던 것 같다.

"다시 못 볼 것도 아닌데 그런 못마땅한 표정 짓지 마."

---

* 빼어나게 뛰어나다는 뜻.

"슈이쓰 맨즈'가 들으면 기가 막히겠군."

셋이 모인 조촐한 송별회 자리에서 그는 이렇게 말하며 웃었다. 하지만 이때 왠지 예감이 들었던 것도 사실이다. 사회인이 된 뒤로는 대개, 거의 백 퍼센트 우리는 모기가 "한번 모여야지" 하는 제안이 없이는 모이지 않았으니까.

그런 날의 기억조차 수평선 너머로 아스라이 멀어져 희미해진 상태인데 불쑥 '이쓰멘'이 바닷속 깊은 곳에서 끌어올려진 셈이었다.

모임 개최는 사흘 뒤인 금요일. 그 주말에는 모기의 아내가 딸을 데리고 친정에 갈 예정이라 어떤 의미에서는 '독신'이 되기 때문에 모임을 하기 안성맞춤인 날이라고 했다.

아, 참. 유나(優奈)짱은 몇 살이랬지? 읽은 사람 2

'세 살이지' 하는 즉답과 함께 가슴을 쭉 편 곰 이모티콘이 떴다.

"나는 나중에 만약 딸이 태어나면 아마 절망해서 엉엉 울 거야. 날라리 같은 놈과 사귀는 날이 오면 어쩌지, 하는 걱정 때문에."

"그렇게 된다면 넌 나하고 같이 가서 그 날라리 놈을 단숨에 죽여버리자."

예전에 농담 삼아 모기가 이렇게 한탄하던 일을 떠올리

며 혼자 쓴웃음을 지었다. 분명히 그때 '그렇다면 네가 아직 무사히 살아있다는 사실에 감사해라'라고 생각했던 기억이 있고, 실제로 그렇게 말한 것 같기도 하다. 그런 그가 제일 먼저 결혼하고, 이제 한 아이의 아버지가 되었으니 세상일은 알 수 없다.

일단 그런 이유로 모이자는 거지.

오케이.

그럼 온라인 회식, 기다릴게. 읽은 사람 2

이렇게 말했지만 약간 찜찜한 구석이 있었던 것도 사실이었다.

여하튼 요 몇 년 사이에 기껏해야 몇 차례 대화를 나눈 정도다. 그런 우리가 과연 그 시절로 돌아갈 수 있을까? 한솥밥을 먹으며 밤이면 밤마다 술잔을 기울이고, 동이 틀 때까지 화장실에서 토해대던 사이라고는 해도, 전혀 불안이 없었다고 하면 거짓말이다.

게다가 온라인으로 모인다는 점도 마음이 내키지 않는 이유 가운데 하나였다. 인터넷 회선이 불안정하면 말의 전송 속도도 툭하면 늘어지고, 질질 끌다가 해산할 타이밍을 놓치기도 하는 등 여태까지 진심으로 온라인 모임이 즐거웠던 적이 없기 때문이다.

〔…그런데 며칠 전 우지하라 연락을 받았을 때는 그 친목회가 생각나더라.〕

화면 속의 모기가 내게 던진 한마디에 문득 정신이 들었다.

"그 친목회?"

〔있잖아, 성대 결절.〕

아아, 그거? 기억났다. 그 사건의 주인공 우지하라가 연락을 준 것은 지금으로부터 3일 전의 일.

상황을 알리는 문장은 아주 간결했다.

미안, 목이 아파서 목소리가 나오지 않아.

이 문장을 읽은 바로 그 순간, 친목회에 관한 옛 기억이 되살아나 나도 모르게 웃음을 터뜨리고 말았다.

대학 3학년 때였고, 계절은 분명히 초가을이었던 걸로 기억한다.

항상 가는 학생 식당에 앉아서 장난치고 있는데, 우지하라가 다가와 도저히 들어줄 수 없는 쉰 목소리로 이렇게 말했다.

"목이 잠겼어. 끝났어. 수술을 받거나 한 달쯤 말을 하지 말거나, 둘 중 하나 고르래."

잘은 몰라도 술자리나 노래방 같은 데서 목을 혹사했기 때문에 가수나 개그맨처럼 '목소리'를 생업의 도구로 삼은 사람이 아니면 거의 걸릴 일이 없는 '성대 결절'이 왔다고 한다.

분명히 우지하라는 우리 세 사람 가운데 가장 뛰어난 분위기 메이커였다. 태어나면서 울음 대신 만담을 늘어놓아 분만실을 뒤집어놓았다는 소문이 날 만큼 말 많고, 너무 떠들기 때문에 소개팅에서는 '정말 재미있는 사람이네'라는 평가를 받고 끝나기 일쑤였다.

"뭐, 뜻하지 않게 '수다왕'이란 게 증명된 셈이지만."

게다가 성대 결절 상황에서도 이렇게 떠들다니 당연히 타고난 바보가 틀림없다.

의사에 따르면 치료 방법은 둘 중 하나. 수술로 성대에 생긴 덩어리를 절제하거나 한 달쯤 말을 하지 않고 자연 치료를 기다리거나. 우지하라가 선택한 방법은 후자였다.

"아무래도 목구멍을 째는 건 무섭지."

"내일 단체 미팅 때는 말없이 빙그레 웃기만 하는 지장보살이 될 테니 잘 부탁해."

그렇다면 의사 지시에 따라 입을 다물고 있어야 하는 거 아닌가, 싶어 의아했다. 목 상태가 만신창이인데도 예정대로 단체 미팅에 참전할 작정이란 말인가? 어처구니없었지만 그 시절 우리는 '그것도 재미있겠다'라고 생각할 만큼 분별없었다.

〔그 단체 미팅, 결과가 어떻게 되었는지 기억해?〕

"물론. 역사상 우지하라가 가장 큰 인기를 끌었던 미팅이었지."

〔그때 웃겼지.〕

"그런 게 먹혔나? 여태 내가 쏟아냈던 말들은 다 소용없었다는 이야기인가?"

이렇게 중얼거리며 여러 해에 걸쳐 놓친 많은 기회를 아쉬워하듯 홧김에 마구 술을 마시던 우지하라의 모습이 아직도 또렷하게 떠오른다.

동시에, 나는 안도하면서 캔맥주로 손을 뻗었다.

쓸데없이 걱정했구나, 라면서. 얼굴을 마주하면 우리는 바로 그 시절로 돌아갈 수 있는 거야, 라고. 과거의 실패도, 부끄러움도, 모두 다 알고 그걸 서로 기억하기 때문에 이렇게 함께 웃을 수 있다. 그런 사실이야말로 우리가 오랜 친구이며 언제나 바위처럼 굳건한 사이라는 확실한 증거다.

그렇게 생각한 바로 그때였다.

〔그런데 그 녀석은 나름대로 이런저런 생각이 많은 모양이야.〕

'생각이 많다?' 뭔가 상황이 이상하게 흘러간다는 냄새가 났다.

〔생각해봐, 반년 전 전근할 때. 우리에게 아무 말도 없었잖아?〕

'아아, 그 이야기인가?'

그게 말이야, 하며 모기가 말을 이었다.

〔아마 전근이 출세 코스가 아닌 것 같아.〕

"그래…?"

〔게다가 어쩌면 더 큰 고민거리가 있는 모양이야.〕

"고민거리?"

〔약혼자 문제 때문에. 자세한 내용은 모르지만….〕

어쨌든 모기의 말투로 미루어 보아 '좋은 이야기'일 리가 없다. 파혼을 생각하고 있다거나, 또는 그런 통보를 받았다거나, 그런 종류일 거라고 멋대로 상상하는데 모기가 얼굴을 들이밀며 물었다.

〔그런데 기리야마, 넌 어때?〕

어떠냐니? 질문의 의미를 몰라 고개를 갸웃거렸다.

〔결혼 말이야. 지금 애인은 있어?〕

'아아. 그런 이야기였구나', 하고 이해가 되었다.

그리고 갑자기 말문이 막힌 자신에게 환멸을 느꼈다. 바로 대답할 수 없었던 이유는 간단하다. 거의 불륜이라고 해야 할 관계인 여자가 있었기 때문이다.

그 여자 이름은 '미나미(ミナミ)'. 이게 성인지 이름인지 모른다. 아니, 본명인지도 모른다. 반년 전 매칭 어플을 통해 알게 되어 몇 차례 은밀하게 만나다 보니 그런 관계가 되었을 뿐이다. 뭘 숨기겠는가. 오늘 밤도 조금 전 '놀러 갈게, 깨어 있어'라는 연락이 왔고, 그래서 현관도 그냥 열어 둔 상태이니 진짜 창피한 이야기다.

반년이 지난 지금도 처음 만난 날을 또렷하게 기억한다.

2월의 어느 날, 밤 9시가 조금 지났을 때였다. 도쿄메트로 아자부주반역 4번 출구, 기대와 불안을 반씩 가슴에 품고 차가운 하늘 아래서 미나미를 처음 만났다. 먼저 눈길이 간 것은 사랑스러운 외모였다. 포근해 보이는 더플코트에 머플러. 윤기가 흐르는 짙은 갈색의 긴 머리카락. 앞머리를 살짝 내린 것은 개인적으로 그저 그랬지만, 그 아래 동그랗고 살짝 처진 눈은 나에게 보호 욕구를 느끼게 했다. 전체적으로 자그마한 편이라, 하이힐을 신어도 나와 머리 하나 차이가 나는 것이 귀여웠다.

그러나 역시 미나미의 가장 중요한 무기는 참으로 절묘한 '밀당'일 것이다.

"내일 아침 스케줄 있어?"

이런 식으로 야릇한 분위기 가득한 질문을 곁눈질하며 건네는가 하면, 가게를 나와 잠깐 긴장을 늦춘 사이에 "그럼 다음에 봐" 하며 택시를 잡아타고 가버린다. 그 동작은 마치 배추흰나비 같다고나 할까. 당장 손에 잡힐 듯한데 도무지 잡히지 않는다. 채집망에 다 몰아넣었다 싶은데도 그만 살짝 빠져나간다. 그야말로 저 여자의 손아귀에서 놀아나고 있구나…라고 자조하면서도 버티지 못하고 끌려 들어가니, 나도 수행이 한참 부족한 모양이다.

"사실은 나, 이제 곧 결혼할 거야. 그렇지만 그 남자는 지금 전근 가서 센다이에 있으니까 괜찮아."

이런 상상도 하지 못한 자백을 들은 것은 겨우 내 집까지 데리고 들어와 싱글베드 위에서 엉겨 붙어 이제 도저히 돌이킬 수 없어진 뒤의 일이었다.

"왠지 너랑 이렇게 있으면 마음이 편해. 그 사람과 달리 분위기가 차분해서 그런가?"

그만둬. 이건 지옥으로 가는 첫걸음이다. 머리로는 그걸 알고 있었지만 실제로는 '여기까지 와서 눈물을 삼키며 돌아설 수 있는 사내가 도대체 세상에 몇 명이나 되겠는가?'라고 자신을 변호하면서 태도를 바꾸고 말았다. 하지만 방금 느낀 나 자신에 대한 환멸은 이런 도의적인 문제와는 다른 부분 때문이었다.

아마 대학 시절 같으면 나는 이런 이야기를 무용담처럼 늘어놓았을 것이다. 어때, 나 대단하지 않냐, 부럽지, 하면서. 세상 무서운 줄 모르고 앞뒤 가릴 줄 몰라도 잃을 것 하나 없었으니까.

그렇지만 이제는 다르다. 이미 어느 정도 사회적 지위도 있고, 게다가 모기는 유부남이고, 문제가 좀 있는 모양이기는 하지만 우지하라도 약혼자가 있다. 이렇게 다들 한 걸음씩 인생 게임*의 말을 앞으로 나아가게 하고 있는데 나는 아직 그야말로 이러지도 저러지도 못하는 상태라는 사실이 왠지 너무 창피하게 느껴지고 말았다.

"없어."

〔방금 그 침묵은 암만 봐도 **있다는** 의미의 침묵이었는데 말이야.〕

"아니야, 진짜 없다니까."

---

* 세계적인 보드게임 The Game of Life의 일본어판의 명칭. 일본에서 엄청난 인기를 끌었다.

모기는 히죽거리며 아직도 뭔가 이야기하고 싶은 모양이었지만 때 마침이라고나 해야 할까, 우지하라가 대화방에 들어왔다는 알림이 떴다.

"아, 왔다."

내가 냉큼 그렇게 말하자 모기는 모기대로 방금 나눈 대화 따위야 아무려나 상관없다는 듯 "드디어 입장하셨나?" 하며 개구쟁이처럼 웃었다.

기다리기를 몇 초.

〔미안, 늦었어.〕

막 숨이라도 넘어갈 듯 갈라진 목소리와 함께, 2분할 된 화면 왼쪽에 아직도 장난기가 남은 '우리 축제의 우두머리'가 멋쩍게 웃는 얼굴이 나타났다.

손질하지 않은 듯한 머시헤어*에 큼직한 눈, 웃으면 크게 올라가는 입꼬리, 이따금 슬쩍 드러나는 송곳니가 왠지 푸근한 느낌을 주는 포메라니안을 떠올리게 한다. 분명히 말이 없으면 인기를 끌 것 같다는 생각이 드는 일종의 장난기는 지금도 여전한 듯하다.

---

*   앞머리를 양쪽부터 가운데까지 같은 길이로 자르고 위는 둥그런 모양으로 두는 헤어 스타일로, 일본에서는 버섯(mushroom)을 닮았다고 해서 머시헤어로 부른다. 한류 영향으로 더욱 유행했다.

"기다리다 목 빠지는 줄 알았다, 인마."

〔미안, 일이 생각보다 늦게 끝나서.〕

〔아냐, 넌 괜히 힘들여 말하지 마. 오늘은 입 다물고 있어도 인기 없을 테지만.〕

무슨 뜻인지 알지? 이렇게 말하는 듯 눈짓을 보내는 모기. 몇 초쯤의 묘한 침묵이 흐른 뒤, 우지하라도 "그 시절이 그립구나"라며 웃었다. 인터넷 회선이 안정적이지 못한지 갑자기 우지하라의 말이 전송되는 속도가 느려졌다. 이래서 온라인 모임은 내키지 않는다.

"야, 우지하라, 싸구려 와이파이를 쓰니까 속도가 엉망이지."

〔그러니 모처럼 모임인데 문명의 이기를 활용하자.〕

인사 대신 농담 섞인 핀잔을 줄 작정이었는데 모기의 발언과 거의 겹치고 말았다. 얼른 입을 다물고 떨떠름하게 물러나는 나. 에휴, 이래서 온라인 모임은 마음에 들지 않는다.

뭐, 그건 그렇다 치고.

〔문명의 이기?〕 우지하라가 고개를 갸웃거렸다.

〔넌 문자 채팅으로 참가해.〕

과연, 그건 아주 좋은 아이디어다.

"그러는 게 낫지 않겠냐?" 나도 가세했다.

〔그럼 미안하지만 그렇게 할게.〕

이렇게 말한 뒤 우지하라는 바로 음성 기능을 껐다. 목소리를 낼 필요가 없으니 잡음이 들어가지 않도록 배려한 모양이다. 화면 구석에 있는 채팅 창에 '…' 하는 말풍선이 나타나더니 바로 '이제 만사 OK로군'이란 글자가 떴다.

"그럼 다시 건배" 하며 모기가 캔맥주를 들었다. 나와 우지하라도 모기를 따라 화면 쪽으로 캔맥주를 들어 올렸다.

〔이쓰멘의 재회를 위해〕 "건배" 건배

이렇게 해서 이상한 '온라인 회식'의 막이 올랐었다.

우리는 잠시 추억 이야기로 꽃을 피웠다.

처참하게 끝난 단체 미팅 워스트 3로 꼽힌, 가라테 유단자 우지하라가 술에 취해 모기의 하숙집 화장실을 부수는 바람에 다들 토할 곳을 잃었던 이른바 '동시다발 구토' 사건. 그리고 전국 방방곡곡의 헌팅포차를 돌아다니던 순례 여행 등등. 그 무렵과 마찬가지로 중심이 되어 대화를 끌어가는 사람은 기본적으로 모기이고, 내가 거기 적당히 추임새를 넣었다. 인터넷 회선 속도 때문인지 여전히 좀 늦은 타이밍에 웃거나 고개를 끄덕이면서 우지하라도 코멘트를 문자로 올렸다.

이렇게 해서 순식간에 60분이 흘렀다.

"그렇지만 고토 열도에서 일어났던 사고는 정말 위험했잖아."

이미 얼굴이 불콰해진 모기가 이렇게 말하며 화면에 침을 튀겼다.

그건 대학 4학년 여름에 있었던 사고다. 졸업여행으로 나가사키현에 있는 후쿠에지마를 찾았던 우리는 구불거리는 산길을 달리던 중에 핸들을 실수로 잘못 조작하는 바람에 그대로 울창한 숲에 처박히고 말았다.

〔그때 기리야마는 진짜 믿음직했지.〕

맞아.

나는 안주로 대구 치즈포를 입에 넣으며 그랬었지, 하고 웃어 보였다.

"이런. 지도 어플도 에러가 나네!"

"현재 위치를 어디라고 하면 되는 거야?"

그때는 당황해서 이렇게 허둥대는 두 사람을 흘끔 보며 무시했다. 나는 가까운 곳에 있는 전신주에 적힌 주소를 보고 현재 위치를 알아내 렌터카 회사에 벌써 상황 보고를 마친 상태였다.

"그게 꼭 그때만 그랬던 건 아니잖아."

하룻밤을 함께 보낸 상대 여성으로부터 '임신했어. 중절 수술 비용 줘'라는 전화를 받은 모기가 넋을 잃고 실의에 빠져 있을 때 그건 사기라고 바로 간파한 것도, 시부야 센터 거리 노상에서 우지하라가 술에 취해 여러 명의 회사원들과 싸움을 벌일 뻔했을 때 간신히 그 자리를 무마한 것도 다 나였다고 기억한다.

〔뭐, 무슨 일이 일어나도 기리야마는 잘 동요하지 않으니까.〕

거의 사람 같지도 않은 우리 수준에서나 그렇지.

돌격대장인 모기, 분위기 메이커이면서 멍청한 우지하라, 그리고 '그 두 사람에 비해서'라는 단서가 붙기는 하지만 제법 냉정하고 침착한 나. 이렇게 균형이 절묘하게 맞았기에 우리는 치명상 없이, 바보 같고 엉뚱하면서도 화려하게 빛나는 청춘 시대를 구가할 수 있었으리라.

〔그나저나 서로 마주 보는 집에 살다니, 깜짝 놀랐어.〕

그로부터 10분쯤 더 지나자 차츰 각자의 근황 이야기로 화제가 옮아갔다.

"정말, 세상에 그런 우연도 다 있네."

"아, 참." 하며 왠지 심술궂은 표정으로 미소를 짓는 모기. 무슨 시시한 꿍꿍이라도 머릿속에 떠오른 모양이다.

아니나 다를까, 그가 천천히 이렇게 말했다.

〔우지하라, 잠깐 베란다로 나와.〕

아하. 무슨 뜻인지 깨닫고 나도 모르게 쓴웃음을 짓고 말았다.

"됐어, 이 나이 먹어서 그렇게까지 힘쓰지 않아도."

〔시끄러. 컴 온, 우지하라.〕

모기는 바로 자리에서 일어나 화면 오른쪽으로 나갔다.

이 자식, 정말 못 말리겠네. 한숨을 내쉬며 그저 지켜보니 조금 있다가 우지하라도 자리에서 일어났다. 아무래도 의욕이 넘치는 모양이었다. 우지하라의 영상은 어지럽게 흔들렸다. 거실을 가로지르자 커다란 유리창이 나타났다. 그 창이 열리자 건너편에 우뚝 솟은 아파트가 보였다. 희미하게 "여기야!" 하는 소리가 들려왔다. 우지하라는 음성을 꺼두었으니 이건 모기의 컴퓨터를 통해 들려오는 소리이리라. 어두컴컴한 가운데 화각이 조금 아래로 조정되자 건너편 베란다에서 손을 흔드는 사람이 보였다. 길 하나를 사이에 두었다니 그 거리는 약 20미터쯤 될까?

"여전한 녀석들이네" 하며 내가 코웃음 치는 사이에 두 사람은 조용히 제자리로 돌아왔다.

〔어때? 대단하지?〕

"대단히 멍청한 것도 여전하고, 마음이 놓인다."

시끄러, 하며 슬쩍 들이받는 몸짓을 보던 모기가 갑자기 "아!" 하고 눈을 크게 떴다.

〔그런데 나 아직 저녁 안 먹었다.〕

'사실은 나도'라고 우지하라가 문자를 날렸다.

"정말? 난 간단하게 먹었는데….."

〔그렇다면 잠깐 배틀을 해볼까?〕

"배틀? 그건 또 뭐냐?"

〔누가 제일 먼저 우버 잇츠를 부르는지. 오사카와 도쿄의 체면이 걸린 세기의 대결.〕

차라리 회사를 때려치우고 유튜버라도 되지 그러느냐, 라고 어처구니없어하면서도 어쩔 수 없이 대학 시절에 어울리던 추억 탓에 그 제안을 받아들이기로 했다.

〔그럼 3분 뒤에 동시 주문이야.〕

이렇게 해서 각자 스마트폰 어플로 배달 주문을 마쳤는데 점잔을 빼듯 모기의 표정이 굳어졌다.

〔그런데 우지하라. 너 대체 무슨 일이 있었던 거니?〕

이 물음에 우지하라의 표정이 약간 굳어지는 게 느껴졌다.

물론 모기가 말한 건 약혼자와 관계된 '고민거리'일 것이다. 아무리 그래도 역시 돌격대장이랄까. 우회적인 확인

같은 건 전혀 없다. 도로 위였다면 바로 골로 갈 만한 갑작스러운 방향 전환이다.

잠깐 침묵한 뒤, '그게 말이야' 하면서 우지하라가 털어놓은 이야기는 다음과 같았다.

우지하라에게는 사귄 지 4년 되는 애인이 있다고 한다. 같은 회사 사무직이며 나이는 두 살 아래. 같은 부서 동료였다고 한다. 프러포즈한 건 약 반년 전. 하지만 운 나쁘게 프러포즈와 동시에 오사카 전근 명령을 받았고, 뜻하지 않게 장거리 연애를 하게 되었기 때문인지 어쩌다 보니 결혼 이야기는 보류 상태가 된 모양이다.

이름이 아리무라 호노카(有村ほの香)인데.

여기까지 타이핑한 뒤 불쑥 채팅 창이 잠잠해졌다. 뭐야, 왜 이리 뜸을 들여, 하며 참지 못하고 고개를 갸웃거렸다. 하지만 우지하라 본인은 무슨 까닭인지 무뚝뚝한 표정으로 계속 화면만 뚫어지게 바라볼 뿐이었다. 우리가 아는 사람인지 아닌지 확인하고 싶은 걸까, 하는 생각도 들었다. 그렇다면 "아는 사람이냐?" 하고 직접적으로 물어보면 그만인데. 물론 나는 그런 사람을 알지 못하고, 아마 모기도 마찬가지일 것이다. 묘하게 어색한 시간만 흘렀다. 이렇게 마주 보는 상태가 이어진 뒤, 이윽고 아무 일도 없었다는 듯이 우지하라는 글자를 입력하기 시작했다.

그런데 얼마 전에 눈치챘어.

애인이 바람을 피우고 있는 것 같다는 사실을.

우지하라의 고백에 모기는 "뭐야?" 하며 눈을 부릅떴다. 당연하다. 우지하라는 대학 시절에 사귀던 여자가 바람을 피워 깨진 일이 두 번이나 있었기 때문이다. 이런 지경이라면 역시 우지하라는 사람 보는 안목에 문제가 있는 모양이라는 생각이 들기도 하지만.

〔그래, 이번엔 어떻게 눈치챈 거야?〕

하나하나 이야기하자면 너무 구질구질하기는 한데 말이야.

예를 들면 주말에 도쿄에 돌아와 함께 지낼 때 자꾸 스마트폰을 들여다보는 횟수가 늘었다거나, 테이블에 스마트폰을 내려놓을 때 반드시 화면이 바닥을 향하도록 한다거나, 전에는 술자리에 나갈 때 반드시 '누구와' 마시는지 이야기했는데 요즘은 그런 설명이 없는 날이 늘었다거나. 그러자 모기가 끼어들어 "역시 넌 바람의 프로야. 아, 물론 당하는 쪽으로"라고 했다. 오랜 신뢰 관계가 없다면 당장 주먹이 오갈 만한 농담이었지만 이번엔 사정이 사정인 만큼 웃지는 못했다.

아까도 '다음에 한잔하러 갈게♪'라는 문자만 왔으니 아마 그

놈을 만날 생각일 테지.

"그런데 넌 어떻게 그렇게 냉정하냐?"

무심코 내가 이렇게 중얼거리자 그 말을 들은 모기가 바로 코웃음을 쳤다.

〔아니, 너한테만은 그런 소리 듣고 싶지 않아.〕

안 그러냐?, 하고 모기가 우지하라에게 동의를 구했지만, 그 느긋한 말투와는 달리 좀 굳은 표정이 얼핏얼핏 드러나기 시작했다. 아마 경찰까지 출동했던 '그 사건'이 머릿속에 떠올랐기 때문이리라.

그건 대학 3학년 봄에 일어난 사건이었다. 불쑥 사귀던 여자의 집을 방문했다가 낯선 남자와 일을 치르던 여자를 본 우지하라는 바로 주방으로 가서 식칼을 집어 들고 그들에게 달려들었다. 너희 둘 다 죽여버리고 나도 죽겠다면서.

누구와도 친해질 수 있는 넓은 오지랖, 상대방에게 원하는 것 없이 보내는 신뢰, 그래서 남들보다 곱절은 쉽게 상처 입고, 신뢰가 배반당하면 손목 근육이 한 가닥도 남지 않을 만큼 힘차게 손바닥을 뒤집는다. 우지하라에게 그런 위태로운 모습이 있다는 사실을 우리는 잘 알고 있었다.

그런 모기와 나의 '암묵적인 눈짓'은 아랑곳하지 않고 우지하라는 "그래서 말이야" 하며 설명을 이어갔다.

두 달쯤 전에 그녀가 샤워하는 틈을 노려서 스마트폰을 보았는데.

지금까지 그냥 썼던 메시지 어플에 왜인지 암호가 설정되어 있었다고 했다.

"그럴 수도 있지"라며 이해가 간다는 표정으로 고개를 끄덕이는 모기에게 나도 "그렇지" 하며 동의했다.

당연하지. 나도 그렇게 생각했으니까….

하지만 순간적인 판단으로 그것을 확인했다고 한다.

최근 통화 내역을.

〔호오!〕

그랬더니 예상대로 흔적이 남아 있었어.

자주 연락이 오간 수상한 통화 이력이 몇 개 보였다.

"나이스 아이디어"라며 모기가 기세를 올렸지만, 우지하라의 표정은 미적지근했다.

뭐 그건 그렇지만.

〔그렇지만?〕

일단 자유롭게 행동하게 두고 대신 스마트폰에 GPS 추적 어플을 설치하기로 했지.

우지하라가 예상 밖으로 지나친 대응을 보였다고 생각해 나는 "뭐! 위험해!"라고 소리 지르고 말았다.

〔그거 상당히 과감했네.〕

될 수 있으면 많은 증거를 잡고 싶어서.

〔그렇지만 결국 들통날 텐데?〕

아니, 아직까진 괜찮아.

여자의 스마트폰에는 수많은 어플이 깔려 있어서 거기 낯선 어플이 하나쯤 늘었어도 아마 눈치채지 못한 모양이다. 그래서 한 달 전쯤 우지하라는 더 많은 증거를 잡았다고 한다.

집에 있겠다고 한 날인데 밤늦게 다른 곳에 있는 거지.

조사해보니 그곳에 있는 것은 아주 평범한 아파트였다고 한다.

〔그건 확실히 수상하네.〕

모기의 말대로 우지하라가 하는 말만 들으면 여자가 바람을 피운다고 의심하는 게 일반적이다. 그만한 증거를 잡았다면 여자는 이제 빠져나가기 불가능할 것이다.

"그렇다면 얼른 단죄하고 헤어지면 되잖아?"

내가 참지 못하고 묻자 무뚝뚝한 표정인 채로 우지하라는 이렇게 대꾸했다.

물론 처음에는 그럴 생각이었는데, 막상 그런 상황이 되고 보니 간단하게 결론을 낼 수 있는 일이 아니더라고. 이럭저럭 4년을 사귀었고 이런저런 정이 들었으니까. 이대로 내가 참고 잘 정리하면 원만하게 수습할 수 있는 이야기라고 할 수도 있겠고….

"그런가?" 나는 이렇게 대충 맞장구치다가 문득 '미나미'의 옆얼굴이 머릿속에 떠올랐다. 센다이에서 근무한다는 남자가 미나미와 나의 관계를 알게 되면 어떻게 나올까. 미친 듯이 화를 낼까? 아니면 우지하라처럼 알고도 모르는 척하기로 할까. 하기야 내가 그런 걸 신경 쓰는 것 자체가 애당초 주제넘은 짓일 테지만.

바로 그때 우리 집 인터폰이 울렸다.

〔야, 그 소리 혹시…〕

"아무래도 도쿄가 이긴 것 같네."

답답한 분위기를 털어내려고 어색하게 웃어 보이자 거의 동시에 우지하라가 "아, 나도 왔나 봐"라는 문장을 채팅창에 띄웠다. 그러더니 그의 영상이 바로 꺼졌다. "내가 꼴찌냐? 제기랄." 짐짓 부루퉁한 표정을 짓는 모기를 남겨놓고 나도 배달 온 음식을 받기 위해 자리를 떴다.

배달원이 건네준 가쓰동을 받아 캔맥주를 더 꺼내 옆구리에 끼고 다시 앉은뱅이 테이블 앞에 앉았다.

"어라, 모기는?"

화면에는 우지하라의 얼굴만 보였다. 입가의 움직임으

로 보아 혼자 먹기 시작한 모양이다.

저 녀석도 음식이 도착한 것 같아.

캔맥주를 따서 플라스틱 용기 뚜껑을 열면서 "그래?" 하며 별생각 없이 대꾸하자 바로 우지하라가 메시지를 보내왔다.

잠깐 괜찮아?

"응?"

말은 하지 말고.

"뭐?"

무슨 뜻인지 몰라서 잠깐 젓가락을 든 손을 멈췄다.

문자로 채팅하자.

아닌 밤중에 홍두깨라고 무슨 뜻인지 몰라 밥을 뒤적이다가 화면 구석 채팅 창을 보고서야 그 의미를 이해했다.

―우지하라 님이 보낸 메시지가 있습니다

지금까지와 달리 우지하라가 나만 볼 수 있게 메시지를 보낸 것이다.

가쓰동이 든 그릇을 테이블에 내려놓고 바로 '왜 그래'라고 답장을 날렸다.

모기 집에 누가 있어.

"뭐?" 하며 버럭 소리를 질렀다. 동시에 풋, 하고 입에서 포물선을 그리며 밥알이 튀어나왔다. 예상하지 못한 전개였지만, 일단 조금 전 우지하라의 요청에 따라 문자 채팅으로 이야기하기 시작했다.

뭔 소리야, 그게.ㅋ

안쪽에 문이 보이잖아?

응.

여자가 출입했어. 네가 자리 비운 사이에.

무슨 말도 안 되는.

이렇게 대꾸할 수밖에 없었지만, 우지하라는 진지한 표정이었다.

우지하라가 보았다는 '수수께끼의 여자'. 모기의 아내는 딸을 데리고 친정에 갔다고 했다. 그렇다면 다른 여자라는 이야기가 된다. 처음에는 '뭔가 잘못 본 거 아닌가?'라고 생각했는데 우지하라는 "문을 드나들었어"라고 단언하기까지 했다.

'몰카인가?'

바로 머릿속에 떠오른 건 몰래카메라일 가능성이었다.

아니야, 진짜 누가 있어. 틀림없이.

그럼 모기가 돌아오면 물어보자.

그러는 사이에 복도 안쪽에서 비닐봉지를 든 모기가 나

타났다. 그리고 조금 전처럼 오른쪽 화면 중앙에 자리를 잡았다.

〔기다리게 해서 미안해.〕

그 표정에 특별한 변화는 발견할 수 없었다.

"그런데 말이야, 모기."

내가 바로 단도직입으로 물었다.

"너 지금 집에 혼자 있는 거지?"

내 물음에 모기는 "뭐?" 하며 미간을 찌푸렸다.

〔그런데, 왜?〕

"정말 혼자야?"

〔야, 집어치워.〕

무섭게 왜 그래, 하면서 모기는 익살맞게 웃었다. 연기로 보면 연기하는 것 같기도 하지만 평소와 다름없다고 하면 그런 것 같기도 하다.

〔왜 그래?〕

"네가 자리를 비운 사이에 우지하라가 거기서 여자를 보았다고 해서."

〔뭐? 그럴 리가 없잖아.〕

무서우니까 정말 그만하라고. 모기는 웃음을 터뜨렸지만, 우지하라의 표정은 가면을 쓴 듯 변화가 없었다. 그 차분한, 왠지 감정이 사라진 듯한 표정으로 미루어 장난이 아니라는 걸 모기도 눈치챘으리라. 모기는 체념한 듯 "알았어, 알았어" 하며 다시 자리에서 일어났다.

〔내가 보고 올게. 기분이 좀 으스스하네.〕

그렇게 말하며 모기는 복도 쪽으로 다시 돌아갔다. 그리고 중간에 있는 문과 복도 막다른 곳에 있는 문을 각각 열고 그 안으로 들어갔다. 그러나.

〔아무도 없어.〕

돌아온 모기는 애써 사무적으로 이렇게 보고했다. 살짝 싸늘한 웃음을 짓고 있지만 눈동자가 커다란 그 눈에서는 전혀 감정을 읽어낼 수 없었다.

'뭐가 어떻게 된 거지?'

몰래카메라를 제외하면 가능성은 세 가지. 우지하라가 거짓말을 했거나, 누가 있는데 모기가 숨기고 있거나, 아니면 **모기 몰래 누군가 그의 집에 숨어들었거나.** 하지만 역시 마지막 가능성은 제로라고 보아야 하리라. 왜냐하면 문만 연 게 아니라 모기는 분명히 각 방 안에까지 들어갔다. 집주인인 모기가 그렇게까지 했는데 침입자를 눈치채지 못했을 리 없다. 그렇다면….

꿀꺽 마른침을 삼키고 화면에 비친 두 사람을 번갈아 바라보았다.

어느 쪽일까? 거짓말쟁이는 모기일까, 아니면 우지하라일까.

어쨌든, 무슨 일이 일어나고 있는 게 틀림없다. 내가 알 수 없는, 아마 '불온하다'라고 해야 할 뭔가가.

어딘가 어색한 분위기인 채로 온라인 회식은 다시 시작되었다. 하지만 조금 전까지 밝았던 분위기는 완전히 바뀌었다. 아무리 봐도 모기의 수다는 비밀을 감추기 위한 연극처럼 여겨졌고, 우지하라는 우지하라대로 계속 미간을 찌푸리고 있을 뿐이었다. 다 함께 볼 수 있는 메시지도 한동안 보내지 않았다.

〔아, 참. 사사키(佐々木)는 곧 이혼할 거래.〕

그렇게 해서 또 10분쯤 지나, 화제가 다 함께 아는 친구에 관한 소문으로 옮아갔을 때였다.

별생각 없이 모기가 하는 이야기에 귀를 기울이던 나는…

'헉'하며 눈이 휘둥그레지고 말았다. 등줄기가 오싹했다. 술기운이 싹 가시고, 뒤이어 온몸에 소름이 쫙 돋았다.

동시에 욕실 쪽에서 덜컹하는 소리가 나 얼른 뒤를 돌아보았다.

〔어? 왜 그래?〕

"아니야, 아무것도."

틀림없이 벽에 세워둔 뭔가가 쓰러졌을 뿐이리라. 그보다.

방금 본 영상을 머릿속에 떠올려보지만, 이제 의심할 여지는 없었다.

왜냐하면, 내 눈으로 틀림없이 보았으니까.

우지하라가 이야기한 '수수께끼의 여인'을 말이다. 복도 중간에서 나타나더니 그대로 복도 막다른 곳에 있는 문으로 사라지는 '여자의 뒷모습'을.

봤지?

우지하라가 바로 메시지를 보냈지만 거기 대답하기도 전에 나는 모기에게 물었다.

"야, 누구야?"

〔응? 뭐가?〕

"방금 보였어. 소리까지 들렸다니까."

〔어지간히 해. 좀 전에 내가 확인했잖아.〕

"에이, 아니야. 시치미 그만 떼라고."

영상에 비치기만 해도 대개 눈치챌 텐데, 하물며 그렇게 큰 소리까지 났다. 같은 집에 사는 사람이 그걸 듣지 못했을 리 없다.

"그렇다면 지금 당장 노트북을 들고 가서 복도 끝에 있는 방 안을 카메라로 비춰봐."

〔웃기지 마. 왜 그렇게까지 해야 하지?〕

"간단한 이야기잖아. 아니면 뭐야? 뭔가 화면에 보이면 곤란한, 뒤가 켕기는 거라도 있어?"

〔그런 거 없는데….〕

"그럼 얼른 공개해."

어차피 몰래카메라일 테지, 다 안다니까, 그런 거 솔직히 재미없어. 이렇게 웃어넘기려고 하던 때였다. 팡, 하는 그 멍청한 전자음이 들려왔다.

아, 표정에 드러내지 말고 들어줘.

아니나 다를까, 역시 우지하라였다.

〔뭐야, 몰래카메라야?〕

"그건 내가 할 말인데."

이런 대화를 나누는 사이에도 채팅 메시지는 계속 들어왔다.

방금 보인 그 여자 말이야.

〔다음에 또 이상한 소리를 하면 나도 참지 않고 접속 끊을 거야.〕

"너…"

뒤이어 탄식이 흘러나와야 했겠지만 그대로 사그라들 수밖에 없었다.

왜냐고? 꼼짝도 할 수 없었기 때문이다.

저 여자, 내 약혼녀야.

믿을 수 없었다.

그 GPS 어플도 이 집 건너편을 가리키고 있어.

믿고 싶지 않았다.

〔뭐야?〕

"아니야, 아무것도. 미안…."

이렇게 얼버무리면서 더는 참지 못하고 "잠깐 화장실 좀" 하며 자리에서 일어났다.

후들후들 떨리는 걸음으로 복도를 지나 도망치듯 화장실 겸 욕실로 들어가 변기 앞에 섰다. 평소 좁게 느껴지던 화장실이 더 비좁게 느껴지는 까닭은 욕조와 세면기 쪽을 구분하는 샤워커튼이 드리워져 있기 때문일까, 아니면 내 머릿속이 좁고 험한 길을 헤매고 있기 때문일까? 어쨌든, 이때만은 화장실이 비좁아 다행이었다. 내 머릿속을 빙글빙글 도는 기분 나쁜 상상이 한없이 퍼져 나가버릴 것 같았기 때문이다.

'그럴 리 없어, 침착하자.'

일단 머릿속을 정리하려고 하니 생각할수록 모든 게 헛것처럼 여겨지기만 할 뿐이었다. 쪼르륵쪼르륵하는 한심한 오줌발만이 지금, 이 순간 나와 일상을 이어주는 유일한 현실감이었다.

'이런 일이 있을 수 있나?'

모기가 불륜을 저질렀다면 틀림없이 오늘 밤이 절호의 타이밍이다. 아내는 딸을 데리고 친정에 갔으니 더할 나위 없이 좋은 날이다.

그렇지만, 하며 힘껏 변기 레버를 내렸다.

그 상대가 우지하라의 약혼자라면 이야기는 완전히 달라진다. 모기는 알고 있는 걸까?

모든 걸 다 알기 때문에 '집에는 아무도 없다'라고 우기는 걸까? 의도적인가 아닌가는 차치하고, 지금 저 집에 있는 걸 눈으로 본 '그 여자'가 우지하라의 약혼자란 사실을 알기 때문에?

아니, 그래도, 라고 생각하며 늘 하던 대로 수건에 손을 닦았다.

그건 그렇지만, 이상하지 않은가?

오늘 '온라인 회식'을 하기로 정한 때는 이미 3주 전이다. 그런데 오늘 마주하게 될 우지하라의 약혼녀를 집으로 불러들이다니, 아무리 그래도 머릿속 나사가 빠진 모양이다.

우지하라의 약혼녀도 문제다.

백 보 양보해서 약혼자의 예상치 못한 전근 탓에 바람기가 동했다고 하자. 그래도, 설사 그렇다고 해도 왜 오사카까지 원정을 가서 바람을 피워야 하는 것일까? 오사카만은 무슨 일이 있어도 피해야 할 도시 아닌가? 그런데 자기 약혼자가 부임한 바로 그 도시에서 유부남과 관계를 맺는다고? 너무도 막장 수준에다 위기관리 능력이 형편없는 것 아닌가.

고민하며 컴퓨터 앞으로 돌아오자, 그때부터 상황 전개가 빨라졌다.

당장 저 새끼를 죽이러 갈 거야.

말리지 마. 이미 각오했으니까.

칼부림하더라도 기필코 저 새끼를 죽일 거야.

그리고.

네게만은 이 사진을 보내둘게.

그 '사진'을 본 순간, 모든 것이 완전히 뒤집혔다.

*

"모기, 절대로 우지하라를 집 안에 들이지 마!"

정신을 차리니 나는 벌써 화면에 대고 이렇게 외치고 있었다.

〔뭐?〕

"지금 그 녀석이 너희 집으로 갈 거야! 절대 문을 열어주면 안 돼!"

〔아니, 대체 무슨 소린지 모르겠네.〕

그야 그렇겠지. 그렇지만 길게 설명할 틈이 없다.

"그 녀석은 자기 약혼녀가 바람을 피운 상대가 바로 너라고 오해하고 있어!"

〔뭐? 바람?〕

"난 바람 같은 거 안 피워", 모기의 말투가 거칠어졌다.

"**알아.** 그건 나도 안다고."

어떻게 아느냐고? 물론 그 '사진'을 보았기 때문이다.

사이좋게 이쪽을 향해 손가락으로 V자를 그린 한 쌍의 남녀. 그건 바로 우지하라와 그의 약혼녀로 보이는 여성이 찍힌 사진이었다.

물론 사진 자체는 특별히 문제가 될 것이 없었다.

가장 중요한 문제는 그 여성의 생김새가 **아무리 보아도 내 불륜 상대인 미나미와 똑같다**는 점이다.

"어쨌든 절대로 집 안에 들이지 마!"

단숨에 이렇게 내뱉고 넋이 나간 듯 천장에 매달린 형광등을 쳐다보았다. 이어폰 저편에서 뭐라고 모기가 소리치는 소리가 들리지만, 이젠 어떻게 되건 상관없었다.

'설마, 그럴 수가.'

우지하라의 약혼녀가 바람을 피우는 상대 남자는 다름 아닌 나였다. 몰랐다고 해서 끝날 문제가 아니고, 사과한다고 넘어갈 수 있는 이야기도 아니다. 이렇게 된 이상 우리의 반석 같은 우정은 영원히, 돌이킬 수 없을 지경으로 파괴되었다고 할 수도 있으리라. 그건 그렇지만… 어딘가 이해되지 않아 찜찜함이 남아 있는 것 또한 사실이었다.

왜냐하면 아까 우지하라는 이런 메시지를 보냈기 때문이다.

그 GPS 어플도 이 집 건너편을 가리키고 있어.

이건 아무래도 이상하다. 왜냐하면 우지하라가 GPS 추적 어플을 설치한 스마트폰은 **지금 바로 내 집으로 오고 있을 테니까.**

순간, 나는 여느 때와 같은 냉정을 되찾았다.

'포기하기에는 좀 이른가?'

우지하라는 아직 '핵심'에 이르지 못한 모양이니까. 적어도 자기 약혼녀와 바람을 피운 게 나라는 사실은 들통나지 않은 모양이다. 그렇다면 그가 잘못 알고 있는 동안에 그녀와의 관계를 딱 끊으면 되는 거 아닐까?

아무리 자기 약혼녀를 가로채 정을 통했다고는 해도 우지하라가 진짜로 모기를 죽일 거라 생각되지는 않았다. 설사 진짜 죽이러 갔다고 하더라도 무슨 문제가 생길 리 없다. 왜냐하면 실제로 집까지 쳐들어가면 바로 오해가 풀릴 테니까. 화면 속의 '그 여자'가 누구건 적어도 '미나미'—우지하라의 약혼녀, 즉 '아리무라 호노카'가 아니란 사실만은 분명하니까.

어쨌든 일단 그녀에게 캐물어야 한다. 그러고 난 다음에 어떻게 할 것인지 결정해도 늦지 않다.

그렇게 마음을 먹었을 때 인터폰 소리가 났다.

미적미적 일어나 도어폰 영상을 확인하니 예상대로 민소매 니트를 입은 미나미가 1층 메인 현관에서 손을 흔드는 모습이 보였다. 흰 피부, 짙은 갈색으로 물들여 어깨 부근까지 늘어뜨린 머리카락, 눈꼬리가 살짝 처진 두 눈. 역시 그 '사진'에 찍혀 있던 여자가 틀림없다.

"늘 그렇듯 현관문은 열어두었어."

말을 마치고 바로 1층 아파트 출입문을 여는 버튼을 누른 다음 다시 앉은뱅이 테이블 앞에 주저앉았다. 슬립 모드로 들어가 캄캄해진 노트북 화면에 멍하니 나를 바라보는 창백한 얼굴의 남자가 보였다. 모기는 어느새 대화방에서 빠져나간 모양이다.

문득 정신을 가다듬으니 에어컨 돌아가는 소리도 그쳤다.

총살 집행을 앞둔 처형장 같은 정적 속에 이윽고 현관문이 열리더니 잠깐 뒤에 바로 철컥하고 문을 잠그는 소리가 났다. 하지만 늘 그러듯 "나 왔어" 하는 목소리가 들리지 않았다.

타박타박 복도를 걸어오는 소리가 나고 이내 방문이 열렸다.

"이름이 미나미라는 건 거짓말이었지?"

화면을 들여다본 채로 조용히, 툭 내뱉었다.

"약혼자가 부임한 곳이 센다이라는 것도 거짓말이었고."

"아니, 잠깐. 왜 그래?"

"거기까지는 괜찮아. 거기까지는 용서할게."

그렇지만 말이야, 하며 입술을 깨물었다.

나는 대체 무엇을 호통을 치고, 무엇을 탓하고 싶은 걸까? 우지하라의 약혼녀라는 걸 내게 말하지 않았다는 사실? 아니, 그게 아니다. 그건 그녀 쪽에서 보면 애당초 이야기할 필요가 없는 일이었으니까.

가장 화나는 이유는 틀림없이 내 어리석음 때문이리라. 그만둬. 이건 지옥의 시작이야. 머릿속으로는 멈춰야 한다는 걸 알면서도 돌이키지 못했다. 그런 경솔한 행동 때문에, 그런 찰나의 욕구 때문에 오랜 세월 쌓아온 친구와의 관계가 무너지고 있다는 사실. 그게 무엇보다 견디기 힘들고 받아들이기 어려웠다.

그런데 그녀만 탓한다면 그건 잘못이다. 잘못이라는 건 알지만.

"저어…" 하며 매달리듯 떨리는 목소리.

"닥쳐."

"아, 좀!"

"닥치라고 했잖아."

호통을 치면서 그녀 쪽을 돌아보았다.

그리고… 그대로 말을 잇지 못했다.

"바쁠 테지만 실례 좀 하지."

내 시선을 따라 뒤를 돌아본 그녀가 "꺄악!" 하고 날카로운 비명을 질렀다.

"오래간만이야, 기리야마."

우지하라였다.

이럴 수가. **우지하라가 거기 서 있었다.**

우지하라는 배낭을 바닥에 툭 내려놓았다. 그 바람에 깜짝 놀라 그만 주저앉으려는 약혼녀의 겨드랑이 사이로 팔을 넣어 뒤에서 껴안더니, 우지하라는 그녀의 목에 식칼을 들이댔다.

"아마 5년 만이지?"

대꾸할 말이 전혀 떠오르지 않았다.

우지하라는 약혼녀를 뒤에서 꼼짝 못하게 붙들고 있었다. 손에는 식칼을 들고, 그리고…

"어떻게 안으로 들어왔지?"

그녀가 현관문을 열고 바로 문을 잠갔을 텐데. 그 소리를 나는 분명히 들었다. 만약 그녀가 들어오는 틈을 타서 우지하라가 밀고 들어왔다면 그때 비명이건 뭐건 시끄러운 소리가 났을 것이다. 즉, 그녀는 **우지하라가 있다는 걸 알아차리지 못한 채** 1층 메인 현관을 들어와 여기까지 온 셈이다. 방금 그 놀란 표정을 보면 이건 일단 틀림없는 사실일 것이다. 아니, 그보다는…

도대체 어떻게 우지하라가 여기 있지?

"야, 이거 제대로 걸려들었네."

내가 혼란스러워하는 걸 눈치챘는지, 그녀의 두 손과 두 발을 케이블 타이로 묶으며 우지하라가 더듬더듬 이야기하기 시작했다.

"이게 다 나하고 모기가 놓은 덫이야."

"덫?"

"순서대로 차근차근 설명해야겠지."

우지하라는 마무리로 재갈 대신 수건을 그녀의 입에 물리더니 그녀를 바닥에 아무렇게나 쓰러트렸다.

"알다시피 나는 이 인간이 바람을 피운다고 의심했고, 그 사실을 확인했어. 그리고…"

통화 기록에 남아 있던 전화번호를 보고 상대가 바로 나라는 사실도 알게 되었다.

"쇼크였지…. 아니, 그 이상이었어."

자신을 비웃듯 중얼거리더니 우지하라는 발아래로 시선을 떨구었다.

바닥에 쓰러진 그녀는 그 기척을 느꼈는지 '헉'하고 숨을 삼키더니 각오한 듯 눈을 감았다.

"그래서 죽여버릴 거야."

"뭐?"

"그것만은 무슨 일이 있어도 번복하지 않겠어. 왜냐하면 내가 전근 명령을 받았을 때 이 인간은 내게 '부임하는 곳에서 바람을 피우면 죽여버릴 거야'라고 못을 박았지."

"아니, 그렇다고 해도."

역시 진짜 죽일 건 아니겠지, 라고 말을 이으려 했지만 얼음처럼 차가운 우지하라의 눈빛을 보고는 입을 다물 수밖에 없었다. 네가 그런 말을 할 수 있어? 잠꼬대지? 그 눈은 틀림없이 내게 이렇게 말하고 있었으니까.

"그런데 문제가 되는 건 널 어떻게 할 거냐는 거야."

"나를 어떻게 하느냐?" 이게 무슨 뜻이지?

"솔직히 널 어떻게 해야 할지는 아직 결정하지 못했어."

왜냐하면, 하며 우지하라가 조용히 눈을 감았다.

"그 전에 확인할 필요가 있으니까."

"뭘?"

"과연 네가 **알고 있었는지 아닌지**."

그 말을 듣고 나는 '헉'하며 숨을 삼켰다. 바로 "나는" 하며 설명하려고 했다. 하지만 애당초 내 말에 귀 기울일 마음이 없었는지, 그 변명은 바로 제지당하고 말았다.

"만약 알고 있었다면 그걸 어떻게 확인할 수 있을까?"

혼잣말처럼 중얼거리더니 우지하라는 다시 이쪽으로 고개를 들었다. 타고난 장난기는 이제 완전히 사라지고, 눈동자는 납으로 만든 구슬처럼 무겁고, 차갑고, 건조했다. 바닥에서 계속 몸을 뒤트는 약혼녀는 이미 안중에 없는 듯했다.

"가령 널 불러내 마주 앉아 캐물어도 계속 시치미를 뗀다면 진상은 어둠 속에 묻히겠지. 넌 렌터카로 사고가 났을 때조차 표정 하나 바뀌지 않는 '냉정하고 침착한 남자'잖아? 평범한 방식으로는 힘들 거라고 생각했지."

그렇다면 선택할 방법은 단 하나. 내가 냉정함을 잊을 만큼 비정상적인 상황에 몰아넣을 수밖에 없다.

"그래서 생각해낸 것이 이번 '온라인 회식'이었지."

온라인 모임의 특성을 최대한 활용해 빈틈이 생기도록 하거나 동요하게 만든 다음 그때를 노린다. 그리고 내 입을 통해 **자발적으로** 털어놓게 만든다.

"그래서 모기에게 도움을 청했지."

이렇게 내뱉더니 우지하라는 고개를 좌우로 번갈아 꺾으며 뿌득뿌득 소리를 냈다.

"역시 그 녀석도 '뜨거운 맛을 보여줘야 해'라며 화냈어."

만약 모든 걸 다 알면서도 그랬다면.

"일단 '첫 번째 화살'은 모기였어."

이렇게 말하더니 우지하라는 무슨 말인지 알겠냐는 듯이 슬쩍 턱을 들었다.

"내가 화상 채팅에 접속하기 전에 그 녀석이 뭘 묻지 않았나?"

그 순간, 머릿속에 아까 나눈 대화가 되살아났다.

—기리야마, 넌 어때?

—지금 애인은 있어?

"**내가 없는 상황이라면** 네가 '사실은 말이야…'하며 털어놓을지도 모른다고 생각했거든."

게다가 화면에 보이는 상대는 멀리 떨어진 오사카에 있다. 그런 심리적인 편안함 때문에 철벽 방어에도 무의식적으로 틈새가 벌어지지 않을까 기대하면서.

그렇지만 나는 결국 대충 얼버무리고 말았을 뿐이다.

"그렇지만 이런 건 인사 대신 가볍게 던진 잽이야. 그리 쉽게 실토할 거라고는 생각하지 않았어."

그러면서 우지하라는 발아래 쓰러진 그녀를 턱으로 가리켰다.

"그럼 '두 번째 화살'. 대화 흐름을 타고 내가 이 인간의 이름을 폭로한 걸 기억하나?"

아아, 그거 말인가, 하며 바로 이해가 갔다.

머릿속에 떠오른 것은 당연히 우지하라가 이상하게 '뜸'을 들였던 기억이다.

이름이 아리무라 호노카인데 말이야.

이렇게 말한 뒤 왠지 한동안 침묵하던 채팅 창. 그때 분명히 이상하다고 생각했다. 왜 굳이 이름을 밝힌 걸까, 하고. 아는 사람인지 아닌지 확인하고 싶다면 왜 직접 묻지 않는 걸까, 하고.

"그렇지만 이때도 역시 네 표정에선 아무런 동요도 읽어낼 수 없었지."

그래서 말이야, 하며 희미하게 웃는 우지하라의 입가에서 그 송곳니가 모습을 드러냈다.

"'세 번째 화살'. 모기의 집에 여자가 있고, 그걸 내가 '내 약혼녀다'라고 하기로 했어."

게다가 '죽이러 가겠다'라고 선언까지 했다.

"하지만 사실 그 여자는 모기의 아내였어. 친정에 갔다는 건 거짓말이고, 상황을 설명한 뒤 도와달라고 부탁한 거지."

만약에 내가 모든 걸 알고 있다면 그때까지 펼쳐진 '너무도 이상한 상황'에 역시 사실대로 털어놓는 게 아닐까? 두 친구가 **명백한 오해 때문에** 살인 가해자와 피해자가 될지도 모른다면, 내가 어떻게든 살인을 막으려고 하지 않을까? 잠깐, 우지하라. 모두 다 오해야. 사실 네 약혼녀와 바람을 피운 상대는 바로 나니까, 하면서.

"그렇지만… 그래도 넌 실토하지 않았지."

"아니야!"

실토하지 않은 게 아니다. 정말 전혀 몰랐다. **그러나 그걸 증명할 방법이 없다.**

"그리고 '마지막 화살'. 오사카에 있어야 할 내가 네 앞에 나타나는 거지."

날카로운 형광등 불빛 아래서 이렇게 내뱉는 우지하라의 모습은 너무도 무섭고 냉정한, 잘 만들어진 밀랍 인형 같았다.

"여기까지 왔으니 마무리는 단둘이 결판을 낼 수밖에 없겠지."

"아니, 그렇지만…."

도대체 이게 어떻게 된 속임수지?

분명히 우리는 '온라인 회식'에 참석해 마주 앉아 이야기를 나누지 않았던가?

그런 의문을 떠올리는 걸 간파했는지, 우지하라는 그건 녹화야, 라고 당연하다는 듯이 내뱉었다.

"버추얼 배경이라고, 녹화한 영상도 내보낼 수 있어."

그러더니 발치에 놓여 있던 배낭을 걷어차 내 쪽으로 보냈다.

"안에 있는 태블릿 안의 폴더를 한번 보시지?"

시키는 대로 태블릿을 꺼내 알려준 폴더의 파일 가운데 하나를 열었다. 떨리는 손가락으로 재생해보니 바로 뜬 영상은….

"미안, 늦었어.", "문명의 이기?", "그럼 미안하지만 그렇게 할게…"

바로 내가 조금 전까지 마주 앉아 있던 우지하라의 모습이 영상에 담겨 있지 않은가?

"너와 모기가 보고 있던 건 미리 촬영한 그 영상이야. 사실 나는 그때 내내 이 맨션 앞에 세워둔 렌터카 안에 있었지. 일부러 유급휴가까지 받아서 말이야."

미리 녹화해 둔 영상을 내보내면서 블루투스 키보드로 채팅하고 있었다는 이야기다. 왜 블루투스 키보드인가는 이제 설명할 필요도 없다. 무선이 아니면 키보드를 두드릴 때 화면 앞에 앉아 있어야만 하기 때문이다. 그러면 버추얼 배경의 영상에 실제 자기 모습이 덧씌워져, 바로 들통나고 만다.

아, 정말 힘들었어. 우지하라는 어깨를 떨었다.

"사전에 여러 번 리허설을 한 건가?"

방영 시작부터 몇 분, 몇 초에 자기가 웃고, 얼굴을 찌푸리고, 그리고 베란다로 나오는가? 대화가 부자연스러워지지 않도록 여러 차례 연습을 반복했다고 한다. 그래도 말이야, 하면서 우지하라는 어깨를 으쓱했다.

"녹화한 영상에서 하는 말과 실제 대화의 타이밍을 정확하게 맞추기는 불가능하니까…."

그래서 '목소리가 나오지 않는다'라는 설정을 했다. 그렇게 하면 녹화한 화면 속 우지하라는 기본적으로 **미소를 짓거나 고개를 끄덕이거나 부루퉁한 표정으로 있기만 해도 되니까**. 그리고 '무언의 맞장구'와 함께 채팅 창에 글자를 입력하면 문제없이 대화가 성립되니까.

그러나, 그래도 아직 의문은 남았다.

"그렇지만 첫 대화는?"

회식을 시작하며 모기와 우지하라는 육성으로 대화를 나누었는데….

이 물음에 아아, 하며 우지하라는 고개를 끄덕였다.

"그거라면 걱정할 필요 없었지. 왜냐하면…"

어차피 그 타이밍에 오갈 내용은 서로 안부를 묻는 수준의 대화일 테니까.

"그래서 아주 잠깐 쫄았어. 네가 와이파이가 어쩌니저쩌니 하는 소리를 했을 때는."

아…. 그랬구나. 이제야 이해되었다.

―야, 우지하라, 싸구려 와이파이를 쓰니까 그러지….

―그러니 모처럼 모임인데 문명의 이기를 활용하자.

그때 내 말은 모기가 한 말과 완전히 겹치고 말았다. 흔히 있는 일이라 여기며 지나치고 말았는데, 사실은 **화제가 벗어나지 않도록 하기 위한 방해 공작이었던 건가?**

"그래도 뭐 잘 풀릴 거라고는 생각했지만."

"어째서?"

"그야 우리 이쓰멘의 리더는 모기잖아?"

늘 기본적으로 분위기를 잡는 것은 돌격대장 모기였다. 나는 이따금 빈정거리면서도 그런 분위기에 편승했을 뿐이다. 그런 예전의 파워 밸런스만 있으면 대화를 제압하는 일 따위 아주 쉬운 일이다. 실제로 맨 앞부분에 나눈 대화가 오가는 동안 나는 와이파이가 어쩌니 하는 이야기 말고는 전혀 말을 섞지 않았다.

―기다리다 목 빠지는 줄 알았다, 인마.

―미안, 일이 생각보다 늦게 끝나서.

삼각간계

―아, 넌 괜히 힘들게 말하지 마.

―넌 문자 채팅으로 참가해.

바로 이렇게 해서 대화의 흐름을 장악해 실제 목소리로 이야기를 나누는 것처럼 보이게 하고, 진짜 우지하라가 온라인 회식에 참석한 걸로 믿게 만들면서 자연스럽게 채팅으로 넘어가도록 만들 수 있었던 것이다.

"그렇다고는 해도 역시 타이밍을 완벽하게 맞추기는 불가능하지. 실제로 여러 차례 이상하다고 생각했지?"

말 그대로 이따금 '이상하네'라고 의아하게 여기기는 했다. 왜 우지하라는 조금 늦은 타이밍에 웃거나 끄덕이거나 하는 걸까, 하고. 그래도 그 정도의 미세한 차이라면 전혀 문제가 없었다. **인터넷 회선 불안정으로 인한 지연은 '온라인 회식'에 늘 따르기 마련**이니까.

"그럼 모기의 아파트도…."

무심코 중얼거리자 맞아, 하며 우지하라는 고개를 끄덕였다.

"그 녀석 집이 아니야. 센다이에 있는 내 사택 건너편에 있는 평범한 단기 임대 아파트지."

그곳을 일주일만 빌려서 모기와 키가 비슷한 동기에게 설명하고, 베란다에서 잠깐 연극을 시켰을 뿐이란다. 이렇게 비밀이 밝혀지자 뒤늦게 알게 된 사실이 있었다.

―게다가 우메다 거리가 내려다보이는 파노라마 같은 전망이 아주 죽여주지.

돌이켜보면 모기의 이 발언은 좀 이상했다. 베란다로 나간 우지하라는 **화각을 약간 아래로** 조정했기 때문이다. 즉, 우지하라의 아파트가 모기의 아파트보다 더 높은 층에 있다는 이야기가 된다. 게다가 두 아파트의 거리는 도로 하나를 사이에 두고 있으니 기껏해야 20미터 정도. 그런데도 모기는 "파노라마 같은 전망이 죽여주지"라고 했다.

그렇다면 아직 해결되지 않은 점은 하나뿐이다.

―그렇다면 잠깐 배틀을 해볼까?

―누가 제일 먼저 우버 잇츠를 부르는지.

설마 정말로 배가 고파서 그랬던 건 아닐 테지.

아아, 하며 일그러진 미소를 지으며 우지하라는 그 배틀의 의미도 설명해주었다.

"네 아파트를 확실하게 알아내기 위한 장치였어."

"뭐?"

"그 GPS 추적 어플 덕분에 아파트 주소는 알아냈는데…."

알아보았더니 1층 출입문은 자동 잠금이라서 그 어플로

는 몇 호인지까지는 알아낼 수 없었다.

"그렇다고 해서 1층 출입문 앞에서 계속 지키고 서 있을 수도 없는 노릇이고."

지금까지의 '통계'를 보면 그날 그녀가 찾아올 가능성은 크지만 백 퍼센트는 아니고, 만약 온다고 해도 고분고분 내 방까지 안내할지는 의문이었기 때문이다.

"그래서 우버 잇츠 배달을 이용한 거지."

마치 주민인 척하며 함께 출입구를 지나 같은 엘리베이터를 타고 같은 층에서 내린 뒤 몇 호로 들어가는지 봐두기 위해서.

"그랬군…."

그래서 배달원이 우리 집에 도착한 순간 우지하라는 '아, 나도 왔나 봐'라고 하고 바로 카메라를 껐다. 그 배달원을 따라 이동해야만 했고, 그다음에 화면에 내보낼 영상을 교체해야 했으니까. 자기도 음식을 받은 뒤의 모습으로.

"그런데 하나 더 가르쳐주지. 원래 계획은 그 작업이 끝나면 1층 로비에서 기다리다가 때가 되면 방으로 쳐들어갈 예정이었어…."

배달원이 떠난 뒤, 혹시나 해서 문손잡이를 돌려 보았더니 문이 잠겨 있지 않았다.

"곧 찾아올 이 인간을 위해서, 그렇지?"

당장이라도 덤벼들 듯한 시선 앞에서 온몸의 털이 쭈뼛 곤두섰다.

설마. 머릿속을 스쳐 지나가는 욕실 모습. **샤워커튼이 드리워져 있었다.**

"아무리 그래도 '온라인 회식'이 한창일 때 샤워하는 놈은 없겠지?"

우지하라는 내내 이 집에 숨어 있었다는 건가?

욕조 안에서 숨을 죽이고 계속 기회를 노리면서?

"그래서 솔직하게 이야기하면 이것저것 모두 외줄 타기처럼 아슬아슬했지만."

그녀 옆에 몸을 구부리더니 우지하라는 식칼을 그 무방비하고 비극적이기까지 한 흰 목으로 가져갔다. 우, 우… 하며 수건을 문 채로 신음하는 그녀의 부릅뜬 두 눈은 이미 새빨갛게 충혈되어 당장이라도 튀어나올 듯했다.

"모든 면에서 하늘은 내 편이었던 모양이야."

완패다. 속이 후련하리만치. 이렇게 깔끔하게 칭찬했다. 하지만 절망적인 상황은 조금도 변하지 않았다.

왜냐하면 우지하라의 눈에는, 그런 '화살'을 모두 사용했는데도 내가 사실을 털어놓지 않았다고 보일 테니까.

그러면 어떡해야 하나. **몰랐다는 사실**을 증명하기란 하늘과 땅이 뒤집힌다고 해도 불가능한 일이지 않나?

'정말로 죽일 작정인가?'

그런 불안 때문에 나는 견디지 못하고 이리저리 주위를 둘러보았다. 스마트폰은 앉은뱅이 테이블 위에 놓여 있다. 얼른 손을 뻗어 바로 경찰에 신고… 아니, 그걸 그냥 놔둘 리 없다.

여차할 때 그를 어떻게 제압하느냐를 생각해야 한다.

'해낼 수 있을까?'

자포자기한 상태에서 칼을 든 상대방을 맨몸으로…. 그렇게 자세를 가다듬은 순간이었다.

"다만, 이번 일을 겪으며 나는 알게 된 게 있어."

그렇게 말하고 우지하라는 갑자기 웃었다.

"교훈이라고나 할까?"

멍한 표정을 지을 수밖에 없는 내게 그는 "그건 말이지" 하며 말을 이었다.

"좀 전에 내가 여기 있다는 걸 깨닫기 전에 너희는 이런 대화를 나누었지?"

─이름이 미나미라는 건 거짓말이었지?

─약혼자가 부임한 곳이 센다이라는 것도 거짓말이었고.

―아니, 잠깐. 왜 그래?

"다 알고 있었다면 이렇게 말하지는 않았겠지."

그 말은 지옥에 드리워진 한 가닥 거미줄 같았다.

"그렇지만 제일 먼저 너는 이 인간에게 캐물으려고 했어. 그때는 진짜로 추궁하는 말투였지. 그게 연기였다고는 도저히 생각할 수 없어. 이렇게 실제로 만나러 왔기 때문에 나는 진실을 알 수 있었던 거야."

"우지하라…."

"이쓰멘을 우습게 여기지 마."

그녀 옆에 몸을 구부린 채로 우지하라는 티 없이 웃었다.

동시에 긴장이 갑자기 느슨해진 느낌이 들었다.

혹시 용서해주려는 걸까? 그런 기대를 품은 순간.

"거기서 얻은 교훈이 있어."

그의 얼굴에서 모든 표정이 사라졌다.

"야, 안 돼―."

그녀의 목을 거침없이 일직선으로 베는, 번쩍이는 칼날.

단말마의 비명.

솟구쳐 오르는 핏방울.

…이윽고 찾아온 정적.

내 귀에 들려온 소리는 딸랑, 하는 풍경 소리.

그리고 우지하라가 마침내 다다른, 다음과 같은 교훈이었다.

"역시 중요한 이야기는 원격이 아니라 직접 얼굴을 보고 해야 한다는 거야."

#퍼뜨려주세요

【0:00】

 우중충하게 흐린 밤하늘을 쳐다보며 나는 입술을 깨물었다.
 그러고 보니 이상하지 않은가? 가족도, 친구도, 섬 생활 자체도. 그런데도 나는 눈치채지 못했다. 눈치챌 수 없었다. 내가 아는 '세계'는 이 섬뿐이었으니까.
 바다가 울부짖는 소리가 들린다. 우르르르하며 수평선 저 끝이 떨리듯.
 …아니다. 떨리는 건 내 두 주먹이다.
 어디에 터뜨려야 할까? 이 분노, 증오, 충동을. 모르겠다. 가늠할 길이 없다. 어떻게 해야 좋을지. 어떻게 해야 하는지. 하지만 이상하게도 망설여지지는 않았다. 이제 뒤로 물러설 수 없고, 그럴 마음도 없다. 이건 일종의 '선전포고'이니까.
 바다가 울음을 그쳤다. 그걸 신호 삼아 촬영을 시작했다.
 "아, 예. 안녕하세요? 다들 알다시피 저는 와타나베 초모란마(渡辺珠穆朗瑪)입니다. 지금부터 저는 어떤 살인사건의 '진실'을 세상에 공개하려고 합니다. 그렇지만 그 전에…"

그 사건에 관해 이야기해야만 한다.

지금으로부터 3년 전, 초등학교 3학년 여름방학.

모든 것이 그날 시작되었다.

【1:07】

그날 저녁 식사를 마친 나는 소파에 파묻혀 인기 애니메이션을 보고 있었다.

"이제 30분 지나지 않았니?"

"3분 남았어."

흘끔 뒤를 돌아보다 앞치마를 걸친 엄마와 눈이 마주쳤다. 못 말리겠구나, 하며 어처구니없다는 표정을 지으면서도 눈빛은 너그러웠다. 규칙에 따르면 '텔레비전은 하루 30분'이지만 이리저리 핑계를 대며 몇 분쯤은 더 볼 수 있다.

"너 맨날 그러면서 10분쯤 더 보잖아."

"오늘은 정말 3분이라니까."

"글쎄, 내가 지켜볼 거야."

우리 부모님은 다른 집 부모들보다 훨씬 교육열이 높았다. 텔레비전 말고도 게임은 완전히 금지였고, 스마트폰이나 휴대전화는 말도 꺼내지 못했다. 그래도 답답하다고 생각한 적은 없다. 애당초 살면서 힘든 일은 없었고, 너그러운 부모님이라 억압받는다고 느낀 적도 없었으니까.

"엄마나 아빠도 바쁜 생활 때문에 좀 지쳐서. 그래서 '자녀 교육은 반드시 시골에서'라고 결심한 거지."

그런 부모님이 이곳 몬메지마로 이사하기로 마음먹은 것은 내가 태어난 지 얼마 되지 않았을 때였다고 한다.

"그야말로 안성맞춤인 환경이었어."

부모님은 웹 디자이너인지 크리에이터인지, 잘은 모르지만 어쨌든 그런 종류의 직업이었기 때문에 컴퓨터 하나만 있으면 어디에 살건 상관없었다고 한다. 오히려 중요하게 여기는 것은 돈으로 살 수 없는 '경험'. 정말 이상한 부모님이다. 뭐, 세상에 하나뿐인 아이로 키우고 싶다는 이유로 '초모란마'*라고 이름을 붙였을 때 이미 눈치는 채셨을 테지만.

다음 뉴스입니다. 오늘 오후 7시가 조금 지난 시각, 나가사키역 앞 노상에서 20대 남성이 복부를 칼에 찔려 사망한 사건이 발생했습니다. 경찰은 현장 부근에 사는 직장이 없는 남성을 현

---

* 세계에서 가장 높은 에베레스트산을 가리키는 티베트어 초모랑마의 일본어 표기.

행범으로 체포했습니다. 경찰 조사에서 남성은 누구든 해야 할 일이었다고 진술하고…

무심코 "엇" 하는 소리를 지르고 말았다.

텔레비전 화면에 비친 피해자 사진은 틀림없이 낯익은 얼굴이었다.

"저 사람 오늘 봤어."

뭐라고? 엄마는 눈살을 찌푸리며 시선을 텔레비전 화면 쪽으로 옮겼다.

경찰 조사에 따르면 용의자인 다도코로(田所)는 피해자가 동영상 공유 서비스 유튜브를 통해 생방송으로 내보낸 영상을 보고 화가 났으며, 범행 당시 강렬한 살의를…

영상은 여기서 끊어졌다.

"에이, 아직 보고 있는데!"

"3분만 더 보겠다고 약속했잖아."

"아는 사람이 죽었다니까?"

"그냥 닮은 사람 아니니?"

말도 안 된다. 그 독특한 생김새를 잘못 보았을 리 없다. 이렇게 생각하면서도 더는 투덜거리지 않았다. 리모컨을 쥔 엄마의 표정에 왠지 모를 두려움이 얼핏 스쳐 지나간 듯했기 때문이다.

"그런데 왜 살해당한 걸까?"

"쓸데없는 생각할 틈이 있으면 숙제라도 해. 곧 '보고 시간' 시작할 거야."

보고 시간. 그건 엄마와 마주 앉아 '하루를 되돌아보는 것'이었다.

"엄마는 네가 얼마나 멋진 하루를 보냈는지 듣는 게 하루 중에 가장 즐거운 시간이거든."

매일 밤 빠짐없이 거실에서 이루어지는 우리 집의 기묘한 '관습'이다. 처음에는 '귀찮아…'라고 생각했는데 이제는 익숙해지고 말았다.

앞치마를 벗은 엄마가 옆에 앉아 '어서' 하는 눈짓으로 재촉했다.

"으음, 우선…."

나는 천장을 쳐다보며 오늘 일어난 일들을 떠올리기 시작했다.

"애들아, 우리 함께 유튜버가 되지 않을래?"

다치바나 린코(立花凜子)가 그런 이야기를 꺼낸 것은 점심때가 조금 지나서였다. 옅은 갈색 피부에 긴 팔다리, 큼직한 눈. 우리 가운데 린코만 섬에서 태어나 섬에서 자랐기 때문에 그 말을 들은 순간 처음에는 섬 사투리인 줄 알았다.

"응? 뭐라고? 튜바?"

큰 몸집을 흔들면서 맹한 목소리로 구와지마 사테쓰(桑島砂鉄)가 물었다. 내가 할 소리는 아니지만, 이상한 이름이다. 흰색 탱크톱에 파란색 반바지, 고무줄을 잔뜩 늘여 쓴 밀짚모자. 지금이야 섬 풍경에 익숙하지만 사테쓰도 나나 루와 마찬가지로 도쿄에서 태어난 '외지인'이다. 다시 말해 우리가 이 섬으로 이사를 오지 않았다면 린코는 섬에서 단 한 명뿐인 초등학생이 될 뻔했다. 덕분에 섬사람들은 우리 네 명을 무척 귀여워했다. 시바타(柴田) 아저씨는 길에서 만나면 채소를 잔뜩 나누어 주었고, 싸구려 과자를 파는 가게 '쓰루바'에서 "엄마한테는 비밀이야"라며 아이스크림이나 껌을 거저 준 게 한두 번이 아니다. 친구가 늘어나 기쁘겠구나, 린코. 애들이 많아야 좋지. 우리 섬의 보물이야. 이게 섬사람들의 입버릇이었다.

"이거 봐."

린코가 내민 것은 아이폰7이었다. 금속처럼 빛나는 검은 몸체, 선명한 아이콘이 늘어선 화면. 몇 세대 전 기종이기는 하지만 스마트폰은 물론 휴대전화도 없던 그 시절 우리에게 그것은 일상에 끼어든 갑작스러운 '미래'였다.

"우와!" 조심스럽게 받아 든 사테쓰가 감탄하며 한숨을 내쉬었다.

"엄청 좋지?"

"사실은 지난달에 사주셨는데 아빠, 엄마가 '망가뜨리면 안 된다'라고 하시면서 가지고 나가지 못하게 하셔서."

우리는 섬 남쪽 끄트머리에 있는 깎아지른 절벽에 나란히 걸터앉아 있었다. 폐쇄된 등대 바로 옆 주차장을 바라보며 오른편 안쪽에 있는 수풀 한 모퉁이를 지나면 나오는 비밀스러운 장소다. 높이가 30미터쯤 되는 절벽 위에서는 동중국해가 한눈에 들어왔다.

"자, 초모*도 한번 봐."

사테쓰가 '미래'를 내게 건네주었다. 받아보니 생각보다 묵직하지만 아주 무겁지는 않았다. 듣기로는 전화를 걸 수 있고 사진도 찍을 수 있으며 영화도 볼 수 있다고 한다. 이렇게 얇고 작은데? 그럴 리가! 나는 어떻게든 이 '미래'와 나의 접점을 찾아보려고 했지만, 눈에 익은 것은 화면에 표시되는 디지털시계뿐이었다.

"시간은 직접 맞출 수 있는 거니?"

---

* '초모란마'를 줄여 부르는 애칭.

"에이, 그럴 리 없지."

린코가 풋, 하고 웃음을 터뜨렸다.

"직접 바꿀 수도 있지만 전파를 이용해 저절로 맞추는 거야."

하기야 요즘 수동으로만 시간을 맞추는 시계는 내 방에 있는 구식 자명종 시계 정도일 거다. 너무 시대에 뒤떨어진 질문이 창피했다. 하지만 내 손에 들린 아이폰7을 들여다보던 사테쓰가 "탁상용 전자계산기처럼 생긴 마크도 있네"라고 하는 소리를 듣고 마음이 놓였다. 다행이다. 이 녀석 수준도 나랑 별 차이가 없는 모양이다.

애들아, 하며 린코가 쓴웃음을 지었다. 최첨단 기기를 앞에 두고 시계니, 탁상용 전자계산기니 하는 이야기만 해서 질렸을 것이다. 린코는 그 무시무시한 성능을 자랑스럽게 가르쳐주었다. 이것 봐, 카메라야. 우와! 시리라는 것도 있네. 엉덩이*? 그리고 말이야….

여러 기능들 가운데 남자아이 두 명의 마음을 사로잡은 것은 '지문인식'이었다. 미리 등록해두면 표면에 있는 둥근 버튼에 손가락을 대기만 해도 단말기를 작동시킬 수 있다

---

* 일본어로 엉덩이를 '시리(しり)'라고 발음한다.

고 한다.

"내 지문도 등록해줘."

"응? 왜?"

"해보고 싶어서."

린코가 난처한 표정을 지었지만, 계속 졸라대자 마지못해 승낙해주었다.

대단하구나, 마치 스파이 같아. 그렇지? 한 번 더 해보게 해줘. 그건 뭐 괜찮은데. 이런 대화를 반복하다가 문득 왼쪽이 신경 쓰였다. 늘 말이 많은 루가 전혀 대화에 끼어들지 않기 때문이었다. 아이폰7을 사테쓰에게 넘기고 "있잖아" 하며 루에게 말을 붙여보았다.

"뭐?"

수평선 저 너머를 노려보던 루는 나를 바라보지도 않은 채 무뚝뚝하게 대꾸했을 뿐이다. 오똑한 콧대에 날카로운 턱선, 도자기처럼 하얀 피부, 새침한 옆얼굴은 기분이 무척 좋지 않아 보인다. 아마 주인공 자리를 린코에게 빼앗겨 삐친 모양이다.

'루'라는 애칭으로 부르는 게 익숙한 그 여자애 이름은 한자로 '安西口紅'*라고 쓰고 '안자이 루주'라고 읽는다. 듣기로는 집이 엄청 부자라는데, 루도 그걸 내세우고 다니니 사실일 것이다. 실제로 성처럼 거창한 저택 차고에는 늘 스포츠카가 있었다. 그것도 한두 대가 아니다. 섬에서 그런 차를 탈 일이 있을지는 매우 의문스럽지만, 일부러 뭍에서 가져왔다고 한다. 그런데 막상 루는 나나 사테쓰와 마찬가지로 스마트폰은커녕 휴대전화도 갖고 있지 않으니 재미있는 일이다. 집에서 응석은 받아주지만, 교육방침은 의외로 우리 집과 비슷한 걸까?

그렇게 귀족인지 서민인지 분간할 수 없는 루인데, 그 태도는 왠지 늘 잘난 척하는 면이 있었다. 연기한다고나 할까, 남들 시선을 의식한다고나 할까. 잘은 모르겠지만 그런 느낌이다.

그 가운데서도 눈꼴사나운 일은 툭하면 하는 '촬영'이었다. 루는 '섬에서 사는 나의 모습을 1초라도 더 기록하고 싶어서'라고 하는데, 말 그대로 루는 부모가 시킨대로 항상 고프로(GoPro)를 지니고 다녔다.

'그거야, 부자들의 도락(道樂)이라는 것'이라며 사테쓰

---

* 口紅는 일본어로 립스틱을 뜻한다.

는 매번 의기양양한 표정으로 중얼거렸다. 자기가 평소 쓰는 어휘라고는 생각할 수 없으니 부모가 그런 표현을 썼을 것이다. 다만 그 '도락'이란 것과 어울려야 하는 우리로서는 견디기가 어렵다. 무얼 하느냐고? 루가 원하는 대로 찍어줘야 한다. 특히 지금이다 싶은 장면에서는 유난히 "예쁘게 찍어줘"라며 응석을 부린다. 바로 오늘 오전에도 그랬다. 우리가 먼 바다로 나가기 위해 뗏목을 만드느라 애쓰는 동안 루는 그늘에서 우리 모습을 찍기만 하고 있었다. 그런데 뗏목이 완성된 걸 보더니 "뗏목과 나를 중심으로 찍어줘"라며 닦달했다.

"이상한 동영상만 너무 보면 바보가 될 거야."

오전에 자기가 한 말은 거짓이라는 듯이 루가 싫은 표정을 노골적으로 드러내며 내뱉었다.

"피, 재미있는데."

린코는 화면을 터치하더니 몸을 틀어 화면을 우리 쪽으로 보여주었다. 내 또래로 보이는 남자아이가 최신 장난감 상자를 개봉하는 내용의 동영상이었다.

여러분, 이것 봐. 대단하잖아? 와, 어떻게 조종하는 거지? 이게 설명서인가? 그래서 공원에 나왔습니다….

"재미있는 동영상으로 보는 사람을 즐겁게 해주는 사람

들, 그게 유튜버야."

상자 안에서 나온 무선 조종기(드론이라고 하는 모양이다), 가볍고 유쾌한 배경음악과 애니메이션 같은 영상 효과, 그리고 드론으로 하늘에서 찍은 엔딩 장면. 순식간에 영상 속으로 빨려 들어가고 말았다.

"이게 뭐야? 대단하네."

그 뒤로도 린코는 신이 나서 설명해주었다. 유튜브는 혼자 하기도 하지만 그룹으로 하기도 한다. 방금 그 남자아이는 '보쿠쨩TV'라고 하는데, 30만 명쯤 되는 구독자를 지닌 중급 유튜버라고 한다. 동영상의 내용도 가지각색이다. 절묘한 조합으로 벌이는 게임 실황 중계가 매력인 '허탈형제'나, 법을 어긴 게 아닌가 싶을 만큼 위험한 민폐를 거듭하는 '무례한 녀석들'이 린코는 마음에 든다고 했다. 그런 유튜버들 가운데 최정상급으로 꼽히는, 결성된 지 10년째를 맞이한 6인조 '풀하우스☆데이즈' 같으면 채널 구독자가 2천만 명에 광고 수입만 해도 한 해에 몇억 엔이 된다고 한다. 설명을 마친 린코는 의미심장한 웃음을 지었다.

"섬에서 자란 혼성 4인조, 어때? 인기 끌 것 같지 않니?"

우리가 사는 몬메지마는 나가사키시에서 서쪽으로 80킬

로미터 떨어진 바다 위에 떠 있는 작은 섬이다. 한 바퀴 돌아도 10킬로미터쯤. 약간 기복은 있지만 자전거로 한 시간이면 돌 수 있는 넓이다. 남북으로 길쭉한 달걀 모양을 하고 있으며, 북쪽 끄트머리에 항구가 하나 있다. 거기를 중심으로 펼쳐진 마을은 주민 150명쯤. 대부분 어업이나 산간 지역에서 농업으로 생계를 꾸리고 있었다. 섬에 딱 하나뿐인 초등학교의 전교생 수는 4명. 물론 우리다. 섬에는 '후배'도 없어 졸업하면 폐교될 것이다. 텔레비전도 없고 라디오도 없는 그런 곳은 아니지만, 자동차는 거의 다니지 않는 데다 한가한 경찰관은 순찰을 핑계로 섬 주민과 잡담이나 나누는 곳이다. 린코 말대로 도시 사람들에게는 섬 생활 자체가 아주 대단한 콘텐츠이리라.

"…그럼 그 '풀하우스☆데이즈' 동영상은 엄청 재미있겠네?"

뺨을 스치는 바닷바람, 이따금 끼익하는 소리를 내는 자전거. 탈탈거리며 달리는 트랙터를 추월해 저 멀리 보이는 비행기구름을 뒤쫓았다. 오후 4시가 조금 지난 시각. 우리는 집으로 돌아가는 길에 올랐다. 이마에 난 땀을 닦으며 나는 앞서가는 린코의 등에 대고 물었다. 섬 남쪽 끄트머리에서 마을이 있는 북쪽 끄트머리까지는 열심히 달리면 30분, 느긋하게 페달을 밟으면 40분 조금 넘게 걸린다. 집에 들어가야 하는 5시 전까지 넉넉하게 도착할 수 있으리라.

"그게 말이야, 나이 제한이 있어서 볼 수 없어."

"야동이라 그런가?"

바로 사테쓰가 끼어들었다.

"몰라."

"야하다고 해서 생각이 났는데." 사테쓰가 나를 보며 말을 이었다.

"그런데 그 방은 결국 뭐였던 거니?"

도대체 왜 그런 생각을 한 거지? 나는 쓴웃음을 지었다.

사테쓰가 말하는 건 '보고 시간'과 함께 우리 집에 있는 기묘한 '규칙'이었다.

"위험하니까 이 방에는 들어가면 안 돼."

2층 복도 끝을 마주 보고 오른쪽에 있는 닫힌 문. 어려서부터 그곳은 들어가면 안 되는 장소였는데, 며칠 전 밤중에 잠에서 깬 나는 그만 호기심을 이기지 못하고 말았다. 발꿈치를 든 채로 살금살금, 숨을 죽이고 손잡이를 돌렸다. 문은 열리지 않았다. 귀를 기울이니 엄마와 아빠가 꿈지럭꿈지럭 움직이며, 뭐라고 서로 속삭이고 있다. 꾸물거리다 보니 문이 열리고 잠옷을 입은 엄마가 얼굴을 내밀었다.

"뭐 하는 거니! 얼른 가서 자야지!"

엄마의 얼굴은 상기되어 새빨갛고, 표정은 한 번도 본 적 없을 만큼 무서웠다. 얼핏 방 안을 보았지만 어두워서 잘 보이지 않았다.

이튿날 이 이야기를 해주자 두 여자아이는 의미심장한 표정으로 마주 보았다. 하지만 그건 아주 잠깐. 린코가 바로 내게 물었다.

"요새 엄마와 아빠에게 동생 갖고 싶다고 했니?"

무슨 뜻인지 몰라 고개를 갸웃거리자 바로 사테쓰가 말해주었다.

"그러니까, 황새가 아기를 데려다준다는 건 거짓말인 모양이야."

"그보다 다음엔 꼭 성공하고 싶어."

찜찜하고 어색한 기분을 떨쳐내기 위해 나는 화제를 바꾸었다.

"맞아." 뒤에서 루가 내 말에 동의해주었다. "다음에는 꼭."

실패로 끝난 뗏목 만드는 이야기였다. 무게를 견디지 못했는지 파도를 이기지 못했는지, 우리의 꿈을 실은 뗏목은 바다로 나간 지 10초도 버티지 못하고 망가지고 말았다.

"다음에도 루는 구경만 할 텐데."

사테쓰가 바로 투덜거렸다.

"여자애한테 힘쓰는 일 같은 건 시키지 마."

"그럼 그거 역차별이 된다던데."

여느 때와 다를 바 없는 이야기를 나누며 막 마을로 들어서려 할 때였다.

"아, 얘들아! 잠깐, 잠깐만!"

맞은편에서 다가온 남자가 흥분한 목소리로 우리를 불렀다. 야윈 체격에 모히칸 스타일로 깎은 머리를 핑크빛으로 물들였다. 얼핏 보기에도 외지인이라는 걸 알 수 있었다.

"와, 드디어 찾았네!"

정상이 아닌 사람이다. 그런 직감이 들었다. 하지만 남자가 내뿜는 이상한 에너지에 압도되어 무심코 브레이크를 당기고 말았다.

"얘들아, 괜찮다면 함께 촬영하지 않을래?"

기념으로 말이야, 하며 남자는 손에 든 스마트폰을 전면 카메라 모드로 돌리더니 얼굴 앞으로 들어 올렸다.

나는 얼른 옆에 있던 사테쓰와 얼굴을 마주 보았다.

"뭐, 괜찮겠지."

잠깐 당황하기는 했지만 그렇게 말하더니 사테쓰는 남

자 옆에 서서 스마트폰을 향해 두 손가락으로 V자를 그렸다.

"얘들아, 안 돼!"

느닷없이 루가 외쳤다.

"도망쳐!"

그러더니 루는 급히 자전거 페달을 밟았다. "잠깐만" 하며 린코도 바로 그 뒤를 따랐다.

어리벙벙해서 다시 사테쓰와 얼굴을 마주 보았다. 둘 다 심상치 않은 분위기를 느꼈다. "갈래요"라고 하고 바로 출발했다.

"야, 이 녀석들아. 잠깐만."

계속 남자가 따라오는 기분이 들었다.

"…뉴스 프로그램에 그 사람이 나왔어. 분명히 그 사람 맞아. 그 모히칸 스타일로 깎은 핑크빛 머리를 잘못 볼 리 없지."

이렇게 '보고 시간'을 마쳤다. '야한' 이야기는 일부러 생략했지만 문제없을 것이다.

보고를 다 들은 뒤에도 엄마는 왠지 미간을 찌푸리고 말이 없다. 고민하는 모습으로는 보이지 않았다. 오히려 할 말을 이미 정해놓고 그걸 어떻게 표현할지 곱씹어보고 있는 듯한 느낌. 왜 그럴까? 불안감만 더해졌다.

이윽고 침묵을 깬 엄마의 입에서 뜻밖의 말이 튀어나왔다.

"린코와 친하게 지내는 건 다시 생각해보는 게 좋겠구나."

"응? 왜?"

"엄마도 루와 같은 생각이라서. 모처럼 이 섬으로 이사했는데 한심한 동영상 같은 거에 나오면 헛일이 되지. 린코 어머니에게도 한마디 해둬야 하려나?"

뭔가 이상하다는 생각이 들었다. 엄마는 지금까지 단 한 번도 이런 식으로 이야기한 적이 없었다. 언제나 친구를 소중하게 여겨라, 섬에서 사귄 친구는 평생 갈 테니. 이게 엄마의 입버릇이었다. 그런데 기껏해야 유튜브 이야기를 꺼낸 정도로 이렇게 변하다니.

하지만 그 뒤에 더 이상한 일이 기다리고 있었다.

그날 이후로 섬사람들은 다들 우리를 서먹서먹하게 대했다. 채소를 주던 시바타 아저씨나 싸구려 과자를 파는 가게인 '쓰루바'도 마찬가지였다. 업신여기는 눈으로 보거나 욕을 하지는 않았다. 그렇지만 분명히 변했다. 어린 마음에도 그걸 알아차릴 수 있었다. 여느 때와 똑같은 모습이지만 속으로는 '이 아이들과 어울리면 안 된다'라고 하는 생각이 빤히 보이는 듯했다. 무엇보다 믿을 수 없었던 점은 그런 섬사람들 가운데는 린코도 포함된다는 사실이다. 다른 섬 주민들과 마찬가지로 린코도 우리 곁에서 떠나가고 말았다.

모든 게 이날부터였다. 뭔가 톱니바퀴가 어긋나고, 우리 일상이 바뀌기 시작한 것은.

【6:46】

"어쨌든 그날부터 변해버린 거야. 이상하지?"

나는 카메라를 향해 말을 이었다.

그날, 나가사키역 앞에서 살해당한 남자는 '금단증세'라는 채널명으로 막 나가는 행동이나 반사회적인 언동을 하는 동영상을 투고해 나름 인기를 얻은 유튜버였다. 사건은 오후 7시가 조금 지난 시각. 마메지마에서 나가사키 항구로 가는 마지막 배는 오후 5시에 뜨니 그 남자는 우리와 마주친 뒤 바로 나가사키 시내로 돌아가 거기서 찔려 죽었다는 이야기다.

"그런데 유튜버란 참 골치 아픈 사람들이구나."

살인사건으로 발전하는 일은 드물지만, 기물파손이나 명예훼손으로 고소당한 유튜버는 헤아릴 수 없이 많다. 법을 어겨가면서까지 '부적절한 말과 행동'을 일삼고, '진짜 몰래카메라'라고 내걸고도 내용을 조작한 사실이 드러나 바로 인기가 추락하는 일도 흔하다.

그렇지만 나는 그들이 너무 좋았다.

―애들아, 우리 함께 유튜버가 되지 않을래?

그날 린코가 보여준 동영상들. 나 같으면 상상도 하지 못했고, 생각했더라도 도저히 실행할 수 없는, 그런 말도 안 되는 일을 해내는 그들이 너무 멋져 보였다. 엄마가 들으면 난리가 날 테지만, 될 수만 있다면 유튜버가 되어보고 싶었다. 나도 그 사람들처럼 동영상을 보는 시청자를 웃게 만들고 싶었으니까.

"그런데, 그 꿈을 이루기 전에 그 애는….'

【8:18】

초등학교 6학년 3월*. 졸업을 앞두고 사테쓰와 루는 휴대전화를 갖게 되었다. 그래봤자 기능은 최소한이어서 전화 통화와 문자 메시지를 주고받을 수 있을 뿐, 인터넷은 되지 않는 것이었다. 어디까지나 이웃 섬인 쓰쿠다지마로

---

* 일본은 4월에 새 학기가 시작된다.

배를 타고 통학하게 될 중학교 생활을 내다보고 마련한 것이니, 그 정도면 충분할 거라는 판단이었겠지. 린코도 아이폰7을 계속 쓰고 있어서 드디어 아무것도 없는 사람은 나만 남았다. 하지만 투덜거려봐야 소용없는 일이다. 남들이 가지고 있다는 게 너랑 무슨 상관이니? 우린 우리야, 남은 남이고. 이런 대답이 돌아올 게 뻔했다.

린코와는 여전히 서먹서먹한 상태였다. 사이가 나빠지지는 않았다. 서로 못 본 척하는 일도 없다. 학교에 있을 때나 방과 후에도 기본적으로는 이전과 다를 바 없이 함께 행동했다. 그렇지만 문득 느껴졌다. 거리감이랄까, 벽이랄까. 린코는 왠지 그 뒤로 우리 앞에서는 아이폰을 만지지 않게 되었고, 먼저 말을 거는 일도 줄었다. 이따금 깊은 생각에 잠긴 듯 입을 다물고, 뭔가 하소연하듯 큰 눈으로 바라보기만 할 뿐이었다.

"우리가 '외지인'이기 때문이야." 사테쓰가 투덜거릴 때마다 등에 멘 책가방에 매달려 흔들리는 키 링으로 눈길이 간다. 지난해였던가? 린코가 준 것이다. 내가 초록, 사테쓰는 파랑, 루는 빨강, 린코는 노랑. 색깔은 달라도 모두 다 별 모양이었다.

나는 안다. 린코가 지금도 스마트폰 커버에 '노란 별'을 달고 다닌다는 걸. 그게 우리 사이가 결코 멀어진 게 아니라고 믿을 수 있는 유일한 근거였다.

그렇지만 안타깝게도 그건 터무니없는 착각이었다.

"실례합니다."

지금으로부터 열흘 전, 루가 우리 집으로 찾아왔다. 해가 뉘엿뉘엿 서쪽으로 기울던 저녁 무렵이었다.

"무슨 일이니, 이런 시간에?"

"뭐, 어때서."

부모님은 갑자기 루네 집에서 불러 가셨든가 해서 집을 비웠다. 이런 상태에서 루를 집에 들이면 한 지붕 아래 둘만 있게 된다. 아무리 어려서부터 친한 사이라고는 해도 짧은 치마 아래로 건강한 허벅지가 보이고, 몸매도 여성스러워진 소녀가 앞에 있는데 의식하지 말라는 것도 말이 안 된다. 내 방으로 안내했지만 눈 둘 곳을 찾기 힘들어 "적당히 앉아"라고 하고 나는 책상 앞에 앉았다.

"얘, 차라도 한 잔 주지 그러니?"

"아, 그런가?"

손님을 제대로 맞이하지 못한 걸 반성하면서도 마음에 걸리는 일이 두 가지 있었다. 하나는 루가 아주 잠깐이지만 내 손목을 빤히 바라보았다는 사실. 다른 하나는 방문 목적을 알 수 없다는 점이다. 초등학교 저학년 때는 서로 집을 자주 오고 갔지만 요즘은 그러지 않았다. 뭔가 속셈이 있는 모양이라는 생각이 들었다.

보리차를 잔에 따라 두 손에 들고 방으로 돌아오니 루는 대담하게도 침대에 엎드려 있었다. 허리까지 오는 긴 검은 머리, 아무렇게나 드러낸 두 다리. 하지만 그보다 더 내 눈길을 끈 것은 루가 손에 쥐고 있는 스마트폰 단말기였다.

"짠, 이거 봐. 엄마 걸 몰래 가지고 나온 거야."

은빛으로 빛나는 아이폰8이었다. 나도 모르게 "오오" 하며 감탄하고 말았다.

"이것저것 해보자."

그 말을 듣고 나는 루와 나란히 침대에 걸터앉았다. 어렴풋이 풍기는 달콤한 향기와 숨결. 그런 것을 떨쳐내고 루가 들고 있는 스마트폰에 집중했다. 루가 홈 버튼에 엄지를 대고 잠깐 지문 인증을 하자 잠금 상태가 풀렸다.

"대단해. 처음 만져봤는데 이렇게 쉽다니."

루는 익숙한 손놀림으로 화면을 터치하면서 킥킥 순진하게 웃었다.

"몰래 가지고 나온 걸 들키면 혼나지 않겠어?"

"괜찮아, 걱정 마. 얘, 이거 봐. 뭐야, 이거. 웃긴다."

사진 편집 어플이었다. 아마 그걸 써서 사진을 찍으면 저절로 우주인처럼 눈이 커지거나 고양이 귀가 생기기도 하는 모양이다.

"해볼까?"

그 뒤로 한바탕 둘이 사진을 찍었다. 거기까지는 아무 생각 없이 즐겁게 놀았다. 그렇지만 정체를 알 수 없는 섬뜩함이 느껴졌던 것도 사실이다. 속마음은 들여다볼 수 없었다. 루는 정말 이렇게 함께 놀기 위해 우리 집에 온 걸까?

잠시 뒤 루는 스마트폰을 침대에 던지더니 자세를 바르게 했다.

"그런데 말이야, 오늘 린코하고 무슨 이야기를 한 거야?"

역시, 그걸 물어보고 싶었던 건가?

순간 린코가 방과 후에 체육관 뒤에서 좀 보자고 해서 만난 일이 머릿속에 떠올랐다.

"미안, 갑자기."

체육관 뒤에 가보니 린코가 먼저 와서 기다리고 있었다.

가볍게 "안녕?"이라며 인사를 건넸다. 하지만 문득 이게 얼마 만인가, 린코와 이렇게 단둘이 있는 게, 하는 생각이 들었다.

처음에는 그저 그런 이야기를 계속 나누었다. 중학교에 올라가면 하고 싶은 동아리 활동이나 요즘 인기를 끄는 텔레비전 드라마, 가장 추천하는 최신 유튜버 등. 이야기를 들어보니 '풀하우스☆데이즈'는 소재가 떨어진 느낌도 있어 인기가 부진한 편이고, 계속해서 새로운 스타들이 등장하고 있다거나 하는 이야기였다. 오래간만에 둘이 이야기하니 신선하고 즐거웠다. 하지만 그런 이야기들은 본론이 아니라는 걸 쉽게 알 수 있었다.

"계속 고민했어. 이 이야기를 해야 할지 말아야 할지."

이윽고 입술을 꼭 깨물더니 린코는 땅바닥으로 시선을 떨구었다.

"우리 이제 곧 중학생이 되겠지. 그 전에 네게 하고 싶은 말이 있어서."

내게 고백하려는 건가, 하는 생각이 들었다.

체육관 뒤로 불러낼 용건이라면 고백 말고는 결투 정도밖에 모르겠다.

"이걸 보여주는 게 나으려나?"

린코가 내민 것은 아이폰7이었다. 무슨 뜻인지 몰라 고개를 갸웃거렸다.

"넌 그날부터 내내 유튜버가 되고 싶어 했지?"

그렇게 생각해도 무리는 아니다. 틀리지도 않았다. 린코가 우리와 거리를 두게 된 뒤에도 나는 한동안 "다른 동영상도 보여줘"라며 따라다녔을 정도였으니. 그럴 때면 린코는 난처한 표정으로 미소를 지을 뿐, 고집스럽게 보여주지 않았지만.

"그래서 더욱더 네게 말해줘야만 해."

그렇게 말하며 린코가 아이폰의 잠금 상태를 풀려고 했을 때였다.

"뭐 하니?"

루가 체육관 모퉁이에서 나타났다. 우리를 번갈아 보더니 뭔가 눈치챈 듯 호홋, 하며 웃었다.

"헤, 그런 건가? 미안, 방해되었지?"

그러면서도 루는 왠지 가려고 하지 않았다. 지켜보고 있는 듯하기까지 했다. 잠시 입을 꾹 다물고 있던 린코는 이윽고 힘없이 웃었다.

"아무래도 오늘은 안 되겠네, 다음에 이야기하자."

쪼르르 달려가는 뒷모습을 나는 멍하니 지켜볼 수밖에

없었다.

"…별로, 아무것도."
"얼버무려봤자 뻔하지 뭐."
루가 놀리듯 말했지만 바라보는 눈길만큼은 무척 날카로웠다.
"정말이야. 네가 와서 아무 말도 듣지 못했어."
"뭐? 나 때문에? 난 그냥 너희 둘이 체육관 뒤로 가는 게 보여서…."
순간 침대 위에 있던 아이폰8이 '부르르' 하며 진동했다.
"큰일 났네! 아빠 전화야."
둘이 숨을 죽이고 있자 이내 착신 진동음이 꺼졌다.
"어머, 벌써 시간이 이렇게 되었네. 그만 집에 돌아가야겠어."
'착신 1건'이라는 표시 위에 크게 18:12라고 되어 있었다. 무심코 머리맡에 있는 자명종 시계를 바라보니 분명히 짧은 바늘은 거의 '6', 긴 바늘은 '2'를 조금 지나 있었다.
현관까지 배웅하러 나가 "그럼 또 봐"라고 손을 들었다.
"어머, 집까지 바래다주지 않을 거야? 여자애에게 밤길을 혼자 가라는 거니?"

"네가 멋대로 온 거잖아."

이렇게 대꾸하면서도 루의 말이 이해되지 않는 건 아니었다. 귀찮게구네, 라고 투덜거리면서 운동화를 신었다.

바로 그때 루가 '앗' 하며 뭔가 깨달은 표정을 지었다.

"이런, 보리차 잔을 그냥 두고 왔어."

"됐어, 괜찮아."

"안 돼, 내가 차를 달라고 했으니까."

신발을 다시 벗은 루는 쪼르르 내 방으로 달려갔다. 이런 모습을 보면 생각보다 꼼꼼하구나, 하며 쓴웃음을 짓고 있는데 잠시 후 그녀는 잔 두 개를 손에 들고 돌아왔다. 꽤 시간이 걸린 느낌이 들었는데, 한쪽 잔은 비어 있는 걸 보니 잔에 남았던 차를 다 마신 모양이다. 대충 아무 데나 두라고 내가 턱짓으로 가리켰다.

"미안, 기다리게 해서."

"그럼 갈까?"

린코가 죽었다는 소식을 들은 것은 그로부터 얼마 지나지 않아서였다.

"믿어줘. 내가 아니야."

"그럼 왜 현장에…."

"나도 모르는 사이에 없어졌다고. 거짓말 아니야!"

린코의 시체가 발견된 사흘 뒤, 나는 체육관 뒤에서 사테쓰를 몰아세우고 있었다. 물론 고백 따위는 아니다. 굳이 따지자면 결투에 가까웠으리라.

시체가 발견된 곳은 섬 남쪽 끄트머리에 있는 절벽, 바로 그 '비밀의 장소'에서 약 30미터 아래 있는 바위에 떨어져 있었다고 한다. 계속 집에 들어오지 않고 연락도 닿지 않아 걱정하던 부모가 파출소로 달려간 것이 18시 15분. 시체가 발견되었다는 첫 소식은 그로부터 60분 지난 뒤였다. 등대 근처 주차장에 세워져 있던 린코의 자전거가 결정적인 단서였다.

사인은 추락에 따른 두부 손상이며 사망 추정 시각은 17시 52분에서 19시 15분 사이. 이렇게 시간대를 정확하게 짐작할 수 있는 까닭은 휴대전화 통화 기록이 17시 52분까지 남아 있었기 때문이다. 상대는 안자이 루주였다. 즉 루는 우리 집에 도착하기 전까지 린코와 통화했다는 이야기가 된다. 목격 정보는 한 건뿐이었다. 자전거를 타고 마을을 달리는 모습을 보았다는 사람이 있었다. 그때가 17시 20분이었다. 마을에서 현장까지는 자전거로도 빨라야 30분은 걸리니 사망 추정 시각과도 맞아떨어진다. 현장에 다툰 흔적은 발견되지 않아, 사건이라고 단정할 근거가 없었다. 자살 가능성도 있지만 유서 같은 것은 발견되지 않았다. 유류품으로 보이는 물건은 절벽 위에 남아 있던 **별 모양의 파란색 키 링**뿐. 물론 그게 그날 떨어뜨린 물건인지는 알 수 없으니 이런 상태라면 사고로 처리될 것이다.

"네 키 링이 거기서 발견되었다면서?"

"나만 의심하는데, 루에게 전화한 건 물어봤어?"

"당연하지!"

…초모에게 고백할 생각이었냐고 묻고 싶어서.

루는 경찰에도 같은 설명을 했다고 한다. 이미 죽은 사람은 말이 없다지만, 그 뒤 경찰이 우리 집에 와서도 같은 질문을 던진 걸 보면 일단 일관성은 있다. 그리고 무엇보다…

"루에게는 알리바이가 있어."

루가 몰래 가지고 나온 자기 어머니의 아이폰에 아버지가 건 전화 착신 기록이 있었던 시각은 '18:12'. 이건 나도 함께 확인했다. 루가 우리 집에 온 시각을 정확하게 알 수 없지만, 루가 도착한 지 적어도 15분은 지나서 그 전화가 왔다. 하지만 린코가 죽은 현장인 섬 남쪽 끄트머리에서 우리가 사는 마을까지는 아무리 빨라도 자전거로 30분. 린코의 사망 시각이 17시 52분이었다고 가정하면 루가 린코를 절벽 아래로 밀어 떨어뜨린 뒤 그 시간까지 우리 집에 도착하기는 불가능하다.

내가 이렇게 반박하자 사테쓰는 어깨를 축 늘어뜨렸다.
"그럼 자살이네."

방과 후 체육관 뒤편에서 있었던 일이 머릿속에 되살아났다.

―이걸 보여주는 게 나으려나?

린코가 내게 내민 아이폰7. 그 직후에 루가 나타나는 바람에 이야기는 제대로 이어지지 않았다.

―아무래도 오늘은 안 되겠네, 다음에 이야기하자.

자살은 아니라는 생각이 든다. 왜냐하면 린코가 나에게 '뭔가'를 전달하기 위해 다음에 이야기하자고 했으니까. 그럼 그 '뭔가'는 무엇일까? 답은 분명히 아이폰7에 숨겨져 있을 것이다. 린코가 늘 사용하던 아이폰7에.

순간 등에 전율이 흘렀다.

'알 수 있을지도 몰라.'

한 가닥 희망이지만, 거기에는 도박을 걸어볼 가치가 충분했다.

"지금 당장 린코네 집으로 가자."

"뭐? 갑자기 왜?"

"확인하고 싶은 게 있어."

【14:45】

"그래, 결과적으로 내 짐작이 들어맞았어."

나는 린코의 유품인 아이폰7의 전면 카메라를 보며 이렇게 말했다.

사테쓰를 데리고 급히 린코의 집을 찾아가 사정을 설명했다. 그러자 린코 부모님은 바로 허락해주셨다.

"그러면 우리 린코도 분명히 하늘나라에서 편히 눈을 감겠지."

그렇게 받아온 것이 이 아이폰7이었다.

"그런데 어떻게 내가 린코 아이폰을 조작할 수 있느냐고?"

그건 이 단말기에는 내 지문도 등록되어 있기 때문이다.

―내 지문도 등록해줘.

―응? 왜?

―해보고 싶어서.

그날 이후 기종을 변경하지 않았다면 등록 정보가 남아

있을지도 모른다. 그 가능성에 도박을 걸었고, 내 예상은 맞아들었다. 바로 단말기를 켜서 사테쓰와 둘이 동영상을 들여다보았다.

"이제야 알게 되었네."

나는 자신을 비웃듯 웃었다.

"그 '풀하우스☆데이즈'가 우리 부모들이었다는 사실을."

유튜브 세계에서 꼭대기에 군림하던 그들은 6인조였다. 영상만 보면 그건 나, 사테쓰, 루의 부모님이 틀림없었다. 장르는 '진짜 리얼'이라고 내세운 시청자 참여형 '육아 관찰 다큐멘터리'라고 해야 할까? 각 동영상의 제목을 보는 순간 나는 모든 걸 깨달았다.

【인기 동영상 다시보기】드디어 결정! 어린이들 이름 짓기 선수권 결과 발표 【기라키라네임*】

【어디】투표에 따라 이사할 곳은 M섬으로 결정되었습니다 【외딴섬】

【검증】스마트폰 없고, 게임을 금지하면 아이들은 진짜 착한

---

* 또는 DQN네임이라고도 한다. 자녀에게 일반적인 이름을 붙이는 게 아니라 소리나 뜻을 빌려와 쓰는 한자(예를 들면 티베트어 '초모랑마'를 '초모란마(珠穆朗瑪)'라고 하는 등)로 이름을 짓거나 외국인 이름, 창작물에 등장하는 인물의 이름 같은 것을 이용해 지은 특이한 이름들을 두루 일컫는 말.

아이로 자라나는가【결과는 10년 뒤】

　【신차 수령】새 차 구입, 외딴섬에서 스포츠카를 타고 돌아다녀 보았다!

　【경축】덕분에 꼬맹이들이 초등학생이 되었습니다!

　【인기 기획】우리의 섬 놀이 ~ 뗏목 GO ~

　【매일 업로드】초모의 하루 vol.56【반항기인가?】

　인터넷의 평가도 매우 좋았다. '이녀석들 활기가 넘치네 ㅋㅋㅋ', '충격! 최강 유튜버 탄생', '초모란마라는 이름은 너무 뻔하다', '애들이 빗나가지 않으면 좋겠네 ㅎㅎ'

　모두 조회수를 벌기 위한 내용이며, 채널 등록자 수를 늘리기 위한 전략이었다. 우리의 이상한 이름도, 현대 사회에서 멀리 떨어진 외딴섬에 와서 사는 것도, 모두 '시청자 투표'로 결정되었다. 기억을 돌이켜보면 3년 전 그날, 린코는 '풀하우스☆데이즈'가 결성된 지 10년째라고 했다. 그때는 그 말에 신경 쓸 일이 없었지만, 따지자면 분명히 우리와 같은 해에 태어난 셈이다.

　"설마 린코가 아이디어를 냈던 '섬 생활'을 주제로 삼은 동영상을 올리는 그룹이 있었다니. 좋은 아이디어라고 생각했는데."

　그야 당연히 재미있다. 제정신이라면 이런 말도 안 되는 생각을 실행에 옮기지 않을 테니까.

"그렇지만 덕분에 우리 집의 이상한 룰이 무슨 의미였는지도 알게 되었어!"

동영상 화각을 기준으로 거실을 살펴 사이드보드 위에 놓인 화분 뒤에 숨겨놓은 카메라를 찾아냈다. 매일 열리는 '보고 시간'은 '초모의 하루'라고 해서 시청자 모두가 나의 성장을 지켜보는 기획이었다. 그래서 '보고 시간'은 반드시 카메라가 있는 거실에서 해야 했다. 화가 나서 의자를 들고 내동댕이쳐 비밀의 방문을 부수자 이쪽도 이해가 되었다. 안쪽 벽에 걸린 크로마키 합성용 녹색 배경, 바닥에 놓인 촬영 장비들. 역시, 이게 출입 금지였던 이유로구나.

"스마트폰을 금지한 건 기획을 위해, 우리가 '진실'을 모르게 하기 위한 방어선이었어. 교육방침도 뭐도 아니었던 거야. 아니, 그것 말고도…."

─린코와 친하게 지내는 건 다시 생각해보는 게 좋겠구나.

"그래서 린코를 멀리하라고 한 거야."

동영상에 나이 제한은 걸려 있었지만 계정 연령 설정만 바꾸면 아주 쉽게 접근할 수 있었다. 엄마는 린코가 언젠가 이 샛길을 발견해 '진실'을 알게 되고, 우리에게 그런 사실을 폭로할까 두려웠던 거다. 실제로 3년 전에는 볼 수 없던

'풀하우스☆데이즈' 콘텐츠를 이제 린코의 스마트폰으로 볼 수 있게 되었다. 그렇다면 당연히 린코도 동영상을 보고 진실을 알게 되었을 것이다.

그렇다, 다들 알고 있었다.

린코나 섬 주민들이나 우리가 얼굴도 모르는 전국의 시청자들까지 다들 알고 있으면서도 아무도 가르쳐주지 않았다. 물론 나이 많은 분이 대부분인 마메지마 주민들은 애당초 몰랐을 가능성도 있다. 그렇지만 본토에 사는 친척에게 이야기를 들은 사람도 있을 테니 소문 정도는 들었을 게 틀림없다. **섬에 사는 초등학생들을 가까이 하면 위험하다**, 라고.

"왜 우리를 가까이하면 위험하다는 거지?"

그건 지난번 그 사건과 관계가 있었다.

"유튜버 '금단증세'가 시청자에게 살해당했기 때문이지 않겠어?"

―아, 괜찮다면 함께 찍지 않을래?

함부로 행동하며 반사회적인 언동을 일삼는 동영상을 올리는 것으로 유명한 '금단증상'은 '일본에서 가장 유명한 초등학생'을 찾아 그 모습을 생방송으로 내보내는 무모한 촬영을 시도했다. 그건 자칫하면 우리가 '진실'을 알아차리게 될지도 모를 위험한 행위였다. 컬트적이라고 야유받기도 하는 '풀하우스☆데이즈' 팬들은 이 섬에 상륙하는 건 절대 범해서는 안 될 금기로 여긴다고 한다.

"그런데도 '금단증상'은 섬으로 들어와서 '풀하우스☆데이즈' 팬들의 분노를 산 거지."

바로 그런 이유로 용의자인 다도코로는 천만 명이 넘는 '지지자'의 마음을 떠받들어 '금단증상'을 살해하기로 했다. 이런 '만행'을 용납해서는 안 된다. 금세기 최고의 채널이 사라지기 전에, 못된 추종자가 다시는 나오지 않게 하기 위해 **본보기로 나서서 그를 해치운 것이다.**

"그날부터였어. 섬사람들과 린코가 이상한 태도를 보이기 시작한 건."

자칫하면 온 나라를 적으로 돌리고, 열광적인 팬에게 살해당할지도 모른다. 친절했던 섬주민들이 태도를 바꾸고, 린코가 벽을 쌓은 까닭은 틀림없이 그런 공포 때문이었으리라.

"우리가 '외지인'이었기 때문이 아니야. 자기들이 조심스럽지 못한 말이나 행동을 해서 우리가 진실을 알게 되었을 때, 그 책임을 묻는 창끝이 자기들을 겨눌까 봐 두려웠던 거지."

#퍼뜨려주세요

그래서 린코는 우리 앞에서 스마트폰을 만지지 않게 되었고, 이야기도 삼가게 되었다. 틀림없다. 그동안 느꼈던 모든 위화감이 다 설명되었다. 마침내 드러난 진상, 이렇게 사건은 해결되었다…

"…당연히 이런 식으로는 마무리되지 않지."

전면 카메라의 방향을 바꾸어 절벽 끝에 선 안자이 루주를 찍는다. 원망, 분노, 두려움—이런 것들이 뒤섞인 경멸의 시선. 하지만 함부로 행동해서는 안 된다는 걸 루도 알고 있으리라. 두 손을 꽁꽁 묶인 데다가 옆에 서 있는 사테쓰가 강력하게 추천한 방법대로 린코와 마찬가지인 마지막 길을 밟게 될 테니까.

"지금부터 하는 이야기는 어디까지나 내 '추측'인데."

동시에 가장 중요한 주제이기도 했다.

잔뜩 뜸을 들인 뒤, 멋쩍게 웃어 보였다.

"이 채널에는 미리 짜고 하는 짓들이 있다고 생각해."

화면을 보는 시청자들이 미친 듯 화내는 모습을 상상했다. 우리가 태어나면서부터 오늘에 이르기까지, 무려 12년 동안 유튜브 세계에서 정상의 자리를 지켜온 '풀하우스☆데이즈'. 역사상 최고의 엔터테인먼트로도 불리며 높은 평가를 받는 '최고의 기획'에 숨겨진 진실.

"넌 다 알고 있었던 거지?"

화면 속에서 이쪽을 계속 노려보는 루에게 물었다.

"넘겨짚지 마!"

"넘겨짚는 게 아니야. 그렇게 생각하는 근거를 댈게."

먼저 루가 전에 자주 가지고 다니던 고프로. '풀하우스☆데이즈'의 인기 기획 가운데 하나로 '우리의 섬 놀이'라는 게 있다. 역시 린코의 얼굴에는 모자이크 처리가 되기는 했지만, 대자연 속에서 우리가 창의적으로 공부하며 노는 모습을 찍은 그 영상은 아무리 봐도 루가 들고 다니던 고프로로 찍은 것이었다.

"물론, 부모가 시켜서 그냥 우리 모습을 찍었을 뿐인지도 모르지."

그렇지만 루는 중요한 장면에서는 늘 "날 찍어줘"라고 졸랐다. 연기한다고나 할까, 다른 사람 눈을 의식한다고나 할까. 어쨌든 그런 느낌이었다.

"자기 모습이 유튜브에 올라간다는 걸 알고 있었기 때문이겠지?"

"아니야!"

"그뿐만이 아니야. 그건 린코가 처음 아이폰7을 가지고 온 날이었어."

린코가 한 말에 크게 흥분한 우리에게 루는 이렇게 찬물을 끼얹었다.

"너는 '이상한 동영상만 너무 보면 바보가 될걸'이라고 했어. 그럼 내가 물어볼게. 넌 **어떻게 그게 동영상을 올리고 볼 수 있는 서비스라는 걸** 알고 있었지?"

그날 틀림없이 루는 '동영상'이라고 확실하게 말했다. 그때 스마트폰도 휴대전화도 없었던 나는 '유튜버'란 단어를 제대로 알아듣지도 못해 섬 사투리로 착각했을 정도였는데.

"우리를 찍은 '금단증세'를 피해 도망치라고 한 것도 너였어. 찍히면 곤란하다는 걸 어떻게 알았던 거지?"

"트집 잡지 마. 그런 건 아무런 증거도 되지 않아…."

"증거는"

루의 반박을 무시하고 마지막 카드를 꺼냈다.

"린코가 죽은 날에 있었던 일."

그러자 순간 루는 얼굴이 창백해졌다.

"그날, 넌 너희 어머니의 아이폰8을 몰래 들고 왔다고 했지."

침대에 나란히 걸터앉자 루는 익숙한 손놀림으로 단말기를 켰다.

―대단해. 처음 만져봤는데 이렇게 쉽다니.

어떻게? 지문인식을 이용해서.

"처음 만진다는 건 분명히 거짓말이었겠지. 지문인식으로 잠금 해제하려면 스마트폰에 **미리 지문이 등록되어 있어야 하니까.**"

"그건⋯."

"집에서는 대개 스마트폰을 사용했을 테지? 혹시 그건 너희 어머니가 아니라, 네 물건 아니었니?"

"그렇다면, 뭐?"

"**네 알리바이는 성립하지 않지.** 미리 그 아이폰을 조작할 수 있었으니까, 우리 집에 오기 전에 시간 설정을 바꿔두는 일도 가능했을 거잖아?"

―시간은 직접 맞출 수 있는 거니?

―직접 바꿀 수도 있지만 전파를 이용해 저절로 맞추는 거야.

'전파를 이용해 저절로 맞추는' 이상 화면에 표시된 것은 정확한 시각이라고 무의식적으로 믿게 되지만, 당연히 직접 표시 시각을 바꿀 수도 있다.

"예를 들면 정확한 시간보다 30분 늦출 수 있다거나?"

함께 화면을 확인했던 '18:12'는 사실 '18:42'였던 게 아닐까?

"그렇지만."

이렇게 말하다가 입을 다무는 루를 보며 나는 확신을 굳혔다.

"내 방에 있던 자명종 시계도 같은 시각이었다고 말하고 싶겠지?"

그때 나는 내 시계도 보았다. 그 시각은 루의 아이폰에 표시된 시각과 같았다.

"그건 간단해. 내가 자리를 비운 사이에 조작할 수 있었을 테니까."

―얘, 차라도 한 잔 주지 그러니?

이 말은 나를 방에서 내보내기 위해서였다. 내 손목을 보던 이상한 시선은 '손목시계가 없다'라는 사실을 확인하기 위해서였으리라. 그게 다 내가 없는 사이에 내 방에 있던 시곗바늘을 조작하기 위한 꿍꿍이였다.

"다만 방에 있는 시계를 스마트폰의 시각과 맞춘 것까지는 괜찮았지만, 그대로 놔두면 언젠가 내가 시간이 다르다는 걸 눈치채겠지."

―이런, 보리차 잔을 그냥 두고 왔어.

그래서 **원래 시간으로 되돌려야 하니** 혼자 다시 방으로 돌아간 거야.

"린코가 체육관 뒤에서 내게 뭔가 이야기하려는 걸 보고… 아니, 어쩌면 린코의 말이 들렸으려나? 어쨌든 넌 초조했을 거야."

―넌 그날부터 내내 유튜버가 되고 싶어 했지?

―그래서 더욱더 네게 말해줘야만 해.

틀림없이 린코는 계속 양심에 찔렸을 것이다. 비밀을 알고 있는데도 입을 다물고 있는 자신이. 그렇지만 그날 모든 진실을 털어놓기로 결심했다.

"만약 비밀이 들통나면 '진짜 리얼'이라고 내세운 '육아 관찰 다큐멘터리'는 존재할 수 없게 되겠지. 인기는 떨어질 테고, 엄청난 광고 수입도 사라질지 몰라. 게다가 세상 사람들에게 비웃음을 살 가능성도 있어. 그건 곤란해! 무슨 수를 써야 해!"

루는 항상 자기 집이 부자라는 걸 내세웠다. 호화찬란한 저택, 차고에 늘어선 스포츠카들. 그건 오로지 유튜브 동영상을 찍기 위한 기획 덕분이다. 그 기획의 결말이 섬에 사는 동급생에게 들킨다는 것이라면 시청자가 받아들이지 못할 테고, 대부분이 채널에 등을 돌릴 게 빤했다.

"그래서 입을 막으려고 죽인 거지. 아니, 그뿐만이 아니야. '금단증세 살해 사건'이 일어났기 때문에, 그 뒤로 '풀하우스☆데이즈'는 온건하고 무난한 콘텐츠만 올리게 되었지. 근신 같은 거였던가? 하지만 그 결과 매너리즘에 빠지고 말았어."

그날 체육관 뒤에서 린코가 말했다. '풀하우스☆데이즈'는 소재가 떨어진 느낌이라 부진한 편이고, 계속해서 새로운 스타들이 등장하고 있다고. 그건 그 사건이 일어나 세상의 비난이 거세졌기 때문이었다.

"그래서 '동급생의 죽음'이라는 눈물 나게 만드는 새 주제로 기사회생을 노린 거지?"

【고인의 명복을 빕니다】친구가 세상을 떠났습니다【애도】

목록에서 이런 타이틀을 발견한 순간, 할 말을 잃었다. 겨우 이틀 만에 조회수는 1백만을 넘어섰다. 동영상 내용에 관해 시청자는 찬반양론인 모양이지만, 그것까지 포함해 최근의 슬럼프를 떨쳐낼 회심의 일격인 셈이다. 재생해보니 예상대로 과장되게 울어대는 루가 클로즈업으로 찍혀 있고….

"용서할 수 없어, 절대로."

마지막까지 굳은 마음으로 행동할 생각이었는데, 나는 결국 참지 못하고 눈물을 흘렸다.

"이런 것 때문에 린코를 살해했다니? 말도 안 돼!"

그렇다고는 해도 좁고 작은, 생활 동선도 한정된 외딴섬에서 아무도 모르게 사람을 죽이기는 쉽지 않다. 그래서 그 '비밀의 장소'에서 밀어 떨어뜨리기로 했다.

"그렇지만 그럴싸한 방법이 떠오르지 않아 전화로 린코를 불러낼 수밖에 없었던 거야."

그때 어떤 이야기를 나누었는지는 알 수 없지만, 오랜 친구가 보자고 하니 특별히 거절할 이유도 없었으리라. 아무것도 모른 채 전에 함께 놀던 '비밀의 장소'로 나간 린코는 절벽에서 그대로 밀려 떨어지고 말았다.

남은 문제는 '직전 통화 기록'. 그래서 앞에 이야기한 알리바이 공작을 꾸몄고, 사테쓰의 책가방에서 몰래 떼낸 키링을 현장에 남겨두기로 했다. 이렇게 하면 만에 하나 '살인사건'으로 수사가 진행되어도 빠져나갈 수 있을 것이라 보았던 것이다.

"다만 전부 다 너 혼자 궁리하지는 않았을 거야. 어차피 다른 사람의 도움을 받았겠지?"

누구의 도움일까? 뻔하다. 부모다.

어느 날 엄마, 아빠는 갑자기 루의 부모가 불러서 집을 비웠다. 그 타이밍을 노린 듯 루는 우리 집을 찾아왔다. 왜?

조작해야 할 시계의 수를 최소한으로 줄이기 위해서. 다른 사람도 있는 상태에서 이런 술수를 쓰려면 온 집안의 시계를 다 조작해야 하지만, 그건 현실적이지 못하다.

"아니야! 믿어줘! 나는 죽이지 않았어. 누구하고 짜지도 않았고."

"안타깝지만, 그걸 결정하는 건 내가 아니야."

신음하듯 내뱉은 뒤에 이 동영상을 보고 있을 2천만 명에게 선언했다.

"결정하는 건 이 라이브 동영상을 보고 있는 '풀하우스☆데이즈' 시청자님들. 이번에도 맡기죠. 남의 인생을 장난감처럼 여기는 데는 익숙하실 테니까."

"미안해. 그러니 진정해라."

"제발, 넌 이런 짓을 할 아이가 아니잖아."

조금 전 주방에서 들고 나온 식칼을 들이댔을 때의 부모님을 떠올렸다. 동영상 속에서 보여주는 밝은 모습은 보기에도 끔찍하게 사라지고, 그저 반복되는 것은 애원과 사과뿐이었다.

"뭘 원하는 거지? 말해봐."

'풀하우스☆데이즈' 계정의 로그인 아이디와 패스워드는 이런 방법으로 알아냈다. 그러고 나서 바로 섬 남쪽으로 가서 루를 불러낸 사테쓰와 합류. 집에서 가지고 온 식칼을 들이대고 두 손을 묶으며 이 라이브 방송을 시작했다.

　진상을 알게 된 뒤, 일주일 동안 유튜브 조작 방법과 기능은 대충 익혔다. 부모님에게 알아낸 아이디와 패스워드로 '풀하우스☆데이즈' 계정에도 들어갔다.

　모든 일은 계획대로.

　─애들아, 우리 함께 유튜버가 되지 않을래?

　린코, 네 원한은 오늘 이 자리에서 내가 풀어줄게.

　"여기까지의 추리가 옳다고 생각하는 분은 '좋아요'를, 틀렸다고 생각하는 분은 '싫어요'를 눌러주세요. 이 동영상이 화제를 불러일으키려는 조작이라고 생각한다면 그건 그것대로 괜찮습니다. 그런 분도 '싫어요' 버튼을."

　또 바다가 울부짖는 소리가 들려왔다.

　혹시, 바다 건너에서 이 라이브 중계를 본 사람들이 온갖 욕설을 퍼붓는 걸까?

　"5분 뒤 나를 지지하는 '좋아요'가 더 많으면 얘를 여기서 밀어 떨어뜨리겠습니다."

　여기는 섬 남쪽 끄트머리. 5분 이내에 올 수 있는 사람은 없으리라. 가족도, 섬 주민도, 경찰도, 시청자도, 그저 숨을 죽이고 결말을 지켜볼 수밖에 없다.

자, 선택해라. 이런 게 바로 시청자 참여형 엔터테인먼트의 완성이다.

당신은 어느 쪽이라고 생각하나? 아니면, 무서워서 누르지 않을 것인가?

옮긴이의 말

청량한 미스터리가 주는 즐거움

* 작품 내용을 자세하게 이야기하지 않으니
미리 읽으셔도 됩니다.

마실 것에 주제넘게 까다로워 물을 가리면서도 갖가지 음료를 마십니다. 차, 커피, 탄산수, 맹물 등 두루 마십니다. 판매하는 생수는 딱 한 가지만 마십니다. 그래도 제게 마실 것 가운데 가장 상쾌하고 재미있는 종류는 옛날 약수입니다. 지치고 힘들 때 떠 마시던 약수의 상쾌함과 입 안에서 톡톡 터지는 탄산의 감촉은 무척 즐거웠습니다.

 출장이 잦은 직업에 꽤 오래 종사했고, 틈만 나면 배낭을 지고 산으로 들어가던 시절이 있어 우리나라 물은 제법 맛을 보았습니다. 같은 산의 물이면 맛이 비슷할 것 같지만 조금씩 다릅니다. 설악산 백담사 주변과 수렴동대피소 부근, 봉정암 샘물, 그리고 제가 가장 좋아하던 소청산장 옆 급한 비탈을 내려가 긷던 샘물. 그런데 약수는 그 성분에 따라 맛이 크게 다릅니다. 유명했던 곳만 꼽아도 어려서 어머니와 여러 번 들른 서울 변두리의 둔촌약수, 설악산 오색약수, 인제 필례약수, 방태산 방동약수, 개인산 개인약수. 홍천 삼봉약수, 평창 방아다리약수, 주왕산 달기약수, 초정약수 등이 떠오릅니다. 그런데 환경 오염 탓인지 사람들이 너무 많이 퍼내서인지 이제 예전 맛을 느낄 수 없게 되었습니다. 혀가 아리던 상쾌함과 청량감이 떨어져, 요즘은 유명 약수터 근처를 지나는 일이 있어도 들르지 않습니다.

이런저런 책과 자료를 읽으며 지내야 하는 처지라 내키지 않는 문장을 독해하는 일이 많습니다. 많은 책이 생명 유지에 필요한 맹물 같은 맛이지만 어떤 책은 콜라처럼 목이 끈적거리고, 어떤 책은 이해하기 힘든 중국 남부의 차 맛이 나기도 합니다. 그리고 조금 읽어도 마음이 고달파지는 책들이 있습니다. 이럴 때면 늘 옛 둔촌약수와 오색약수, 달기약수가 고루 섞인 약수를 떠올리며 찬물에 발포 비타민을 한 알 떨어뜨립니다. 그리고 한숨 돌리려 대개 미스터리를 펼칩니다.

우리말로 처음 소개되는 작가이니 간단한 소개부터 시작합니다. 유키 신이치로는 1991년에 태어난 젊은 작가입니다. 프로필에 따르면 도쿄에서 가이세이중고교를 마치고 도쿄대학 법학부를 졸업했습니다. 학교는 '당연히 법조계나 고급 공무원'이 될 코스를 거쳤지만, 졸업 후 일반 회사에 근무하며 시간을 쪼개 어린 시절부터 꿈이었던 소설을 썼습니다.

소설가가 되기로 마음먹은 계기는 두 번 있었다고 합니다. 초등학교 2학년 때 교과서에 실린 지도를 보고 '자유롭게 이야기를 만들어보자'라는 수업이 있었는데, 수업에 집중하지 않던 급우들이 자기가 발표하는 내용은 귀 기울여 들어주었다고 합니다. 발표가 끝난 뒤 '제일 재미있었다'라는 평을 들었고, 그것이 자신이 쓴 글로 다른 사람을 즐겁게 해줄 수 있다는 사실을 알게 된 첫 체험이었다고 합니다. 하지만 이때까지는 다른 사람을 즐겁게 해줄 수단은 소설이나 만화, 또는 영화여도 좋다는 정도였습니다.

'소설가'로 꿈이 확실하게 좁혀졌을 때는 중학교 3학년이었습니다. 졸업문집을 만들며 그즈음 읽던 다카미 고순의 《배틀로얄》을 패러디한 소설을 썼는데 분량이 무려 원고지 6백 장이었습니다. 학교는 그대로 졸업문집에 싣도록 허락했고, 그래서 그해 졸업문집은 2권이 되었습니다. 이때 쓴 소설이 학생들은 물론 학부모들로부터도 좋은 반응을 얻었다고 합니다.

하지만 직접적인 계기는 대학 동기 때문에 받은 충격이었습니다. 도쿄대학 법학부에 재학 중이던 2014년에 같은 법학부 동기인 쓰지도 유메(辻堂ゆめ)가 '제13회 이 미스터리가 대단하다 대상' 우수상을 받으며 소설가로 데뷔했습니다. '마음만 먹으면 잘 해낼 수 있을 거야'라는 생각뿐, 신인 공모에 응모한 적도 없던 유키 신이치로는 이때 충격을 받아 작품을 쓰기 시작했습니다. 졸업할 무렵에 한 차

레 응모했지만 낙선하고, 두 번째 도전인 2018년에 마침내 《이름도 없는 별의 슬픈 노래》(2019년 출간)로 제5회 신쵸 미스터리대상을 수상하며 데뷔했습니다.

그 뒤로 장편소설 《프로젝트 인섬니아(Insomnia)》(2020년), 《구국게임》(2021년, 제22회 본격미스터리대상 소설 부문 후보), 단편집 《#진상을 말씀드립니다》(2022년)를 내놓으며 활발한 활동을 펼치고 있습니다. 특히 최근작인 이 단편집 《#진상을 말씀드립니다》는 후기를 쓰는 지금까지 20만 부 이상 판매되며 큰 인기를 누려, 작가를 일본 미스터리계의 초신성으로 불리게 한 대표작입니다. 또 단편집은 만화화도 진행되어 올해인 2023년 4월 7일 발매 예정입니다.

《#진상을 말씀드립니다》에는 모두 다섯 편의 단편이 실려 있습니다. 〈참자면담〉은 방문 가정교사 소개 영업사원이 겪는 일*인데, 이 작품을 제외한 나머지 네 작품은 모두 인터넷 세상의 도구를 매개로 한 사건을 다룹니다. 〈매칭

---

* 작가가 대학 재학 중에 실제로 작품의 내용과 같은 가정교사 소개 아르바이트를 했다.

어플〉은 데이트 앱을 통한 만남, 〈판도라〉는 SNS를 통한 정자 제공, 〈삼각간계〉는 온라인 회식에서 일어나는 사건, 그리고 〈#퍼뜨려주세요〉는 유튜브가 사건의 매개로 등장합니다. 특히 〈#퍼뜨려주세요〉는 2021년 제74회 일본추리작가협회상(단편 부문)을 수상*했습니다.

다른 장편도 마찬가지지만 젊은 작가답게 유키 신이치로는 21세기의 문물을 아무 위화감 없이 소설의 배경이나 장치로 삽입합니다. 그래서 그의 작품에는 10년 전에는 존재할 수 없었던 새로운 욕망이 드러납니다. 작가는 《#진상을 말씀드립니다》를 내놓은 뒤 가진 인터뷰에서 "저는 가제트(gadget)가 기점이 되는 경우가 많죠. 유튜브라거나 매칭 어플이라거나. 이걸 어떻게 이용할까, 이걸 쓰면 어떤 일들이 일어날까, 이런 것들을 궁리하는 게 좋습니다. 그런 장치를 기점으로 삼아 다양한 인간의 모습을 그려 재미있는 미스터리를 쓰고 싶습니다"라고 말했습니다. 하지만 그 안에서 펼쳐지는 풍경은 매우 일상적입니다. 아르바이트하는 대학생, 딸을 걱정하는 엄마와 아빠, 불임으로 고민하는 부부, 약혼자가 있는 이의 불륜, 어린이들의 일상 등. 주

---

* 헤이세이 시대(1989년-2019년)에 태어난 작가로는 첫 수상자라고 한다.

위에서 쉽게 발견할 수 있는 인물과 생활입니다.

이 책에 실린 다섯 작품 모두 많은 복선이 깔끔하게 회수되며, 논리적인 의문을 남기지 않아 작가의 의도가 고스란히 이해됩니다. 미스터리 독자로는 오래간만에 맛보는 청량감입니다. 설탕이나 과일 맛 같은 것이 섞이지 않은 깔끔한 맛입니다. 독자에게 너무 친절하지 않은가 하는 생각이 들기도 하지만 작가가 인터뷰에서 강조한 자신의 원칙을 읽으면 이 또한 쉽게 이해됩니다. 유키 신이치로는 작품을 집필할 때 다음과 같은 두 가지 원칙을 가장 중요하게 여긴다고 합니다.

첫째, 독자에게 공정(Fair)해야 한다.

둘째, 책을 읽지 않는 사람에게도 다가갈 수 있는 작품을 쓴다.

미스터리, 특히 본격 미스터리는 종이에 그린 미로찾기 같다고 생각합니다. 이 미로찾기에서 가장 빨리 탈출 코스를 찾아내는 요령은 출구에서 시작해 입구를 찾아가는 방법입니다. 하지만 이 방법은 공정하지 않은 풀이입니다. 입구에서 출발하지 않았으니 '맞았다'라고 할 수 없습니다. 만약 출제자가 종이 위에 미로를 그리며 미로에서 절대 탈

출할 수 없게 입구와 출구가 연결되지 않은 상태로 만들었다면 이는 출제가 잘못된 겁니다. 본격 미스터리 또한 작가가 공정하다는 전제 아래 독자도 공정하게 작품을 받아들여야 합니다. 작가가 전달하는 바를 제대로 독해해야 비로소 즐거운 미로찾기가 성립합니다.

한동안 제 입에 맞지 않는 미스터리들이 자주 보였습니다. 차츰 피로가 쌓여 건너뛰는 작품이나 작가도 늘었습니다. 스스로 구멍이 나는 조악한 세계관, 해괴한 설정이나 엉성한 논리, 서툰 저글링 같은 잔재주, 중요한 순간에 모습을 감추는 개연성 등등. 이런 요소들 때문에 피로감이 쌓였습니다.

그러다가 만난 유키 신이치로의 작품은 소청산장 옆 비탈을 내려가 마시던 샘물처럼 깔끔했습니다. 제 상상 속에나 남은 약수처럼 상쾌하고 시원했습니다. 군더더기 없이 이야기를 풀어가며 냉정한 전개로 이야기를 결말까지 몰아가는 힘이 느껴져 불안하지 않습니다. 다음 작품들에 대한 기대감에 주섬주섬 여러 미스터리를 다시 장바구니에 담게 되었습니다. 아마 미스터리가 처음인 분도 이 작품을 읽으며 미스터리의 즐거움으로 입을 축이게 될 겁니다.

오래 따라가며 읽고 응원할 작가를 얻어, 여느 때와 달리 옮긴이의 말이 길어졌습니다. 그나마 이 작가의 다른 장편들에 관한 감상이며 기대감을 욕심내어 적던 문장들은 오지랖을 접어 크게 줄였습니다. 유키 신이치로의 다른 작품들이 또 다른 공간에서 많은 분에 의해 더 풍성하게 논의될 기회가 생기기를 바랍니다.

#진상을 말씀드립니다

초판 1쇄 발행 2023년 4월 10일
초판 5쇄 발행 2023년 6월 14일

지은이	유키 신이치로
옮긴이	권일영
편집인	이기웅
책임편집	김새미나
디자인	vamos
마케팅	유인철, 이주하
제작	제이오
출판등록	제2020-000145호(2020년 6월 10일)
주소	서울시 강남구 테헤란로332, 에이치제이타워 20층

ⓒ 유키 신이치로
ISBN 979-11-92579-56-6 (03830)